上海林荫道

Shanghai Avenue

Shanghai Avenue

上海林荫道

上海市绿化和市容管理局　编著

上海人民出版社

目 录

序 / 陆月星 | 6

导言 / 秦丹 | 8

风貌保护林荫道

衡山路 | 14

作家笔下的衡山路：衡山路 598 号 / 孔明珠 | 20

武康路 | 22

复兴西路 | 27

宛平路 | 30

新华路 | 32

华山路 | 37

南京西路 | 38

作家笔下的常德路：常德路的上街沿 / 程小莹 | 40

思南路 | 42

茂名南路 | 46

复兴中路 | 49

作家笔下的林荫道：沉默的风景 / 肖紫 | 52

淮海中路 | 54

绍兴路 | 57

溧阳路 | 60

甜爱路 | 62

园林景观林荫道

世纪大道 | 66

肇嘉浜路 | 70

花溪路 | 74

作家笔下的林荫道：林荫道的“纬度” / 杨绣丽 | 78

昌平路 | 81

永和路 | 82

苏家屯路 | *84*
江川路 | *89*
北江燕路 | *90*
思贤路 | *92*
团结路 | *94*
金零路 | *96*
古华路 | *98*
清河路 | *101*
珠溪路 | *102*
宏海公路 | *104*

绿化理念创新实践

林荫道思想起源 | *108*
行道树管理实践 | *112*
树木的功能价值 | *116*
生境：行道树所处的环境 | *117*
树种选择 | *120*
别具匠心的养护 | *121*
“上树工”：城市可爱的园艺师 | *123*
上海林荫道发展与展望 | *124*

附录

2011—2015 年上海市林荫道名录 | *130*
上海主要行道树生物学特点及应用 | *136*
大事记 | *138*
参考文献 | *145*

序

林荫道最早以林荫景观步道出现在1625年的英国，当时在伦敦市的莫尔菲尔斯地区，设置了公用的散步道，种植了法桐，开辟了都市散步道栽植的新概念。前人栽树，后人乘凉。驰名世界的林荫大道如柏林的菩提树大街、巴黎香榭丽舍梧桐大道等，极大地提升了城市的生态景观，成为旅游休闲的好去处。

上海最早的行道树出现于1865年，公共租界工部局首先在外滩扬子路(今中山东一路)沿江边种植。1927年上海设市后，马路上陆续开始种植行道树。

新中国成立后，上海按照党中央的统一部署进行城市规划及建设，行道树发展也进入了新时期。尤其是改革开放后，进入1990年代，随着城市大规模建设和改造，行道树发展步伐加快，一条条林荫道也自然生成并成为城市的一道道风景线。新世纪，在市委市政府高度重视下，上海林荫道建设在自觉的基础上有了更高的追求。林荫道纳入了上海“十二五”国民经济和社会发展规划，各区县按照三个“100”的建设目标，即创建命名100条林荫道，改造提升100条林荫道，新建储备100条林荫道，加快推进落实。春风十里,绿树成荫，遍布申城的林荫道，相继以崭新姿态拥抱过往行人。

上海林荫道，作为城市绿地生态系统中一种线性生态要素，一种有生命力的生态元素，它点缀城市道路，串联公园绿地，打通绿色网络，放大生态功能。上海林荫道，一种独特的文化脉韵，它深入城市肌理，熨贴万种海派风情，海派文化，无一不在林荫道的映衬下更具韵致。上海林荫道，更是市民生活的一部分，成为宜居、和谐的城市软实力。

上海林荫道，是上海人的骄傲和幸福。

上海市绿化和市容管理局局长

Preface

The earliest avenue appeared as alameda in England in 1625. In the area of Moire Fils in London, public walkway was set, plane trees were planted, creating a new concept of urban walkway planting. One man sows and another reaps. Well-known world boulevard such as Linden Avenue in Berlin, Champs Elysees Planetree Avenue in Paris improve the urban ecological landscape greatly, which are good places for leisure and travel.

The earliest street trees appeared in Shanghai in 1865, when International Settlement authorities first planted on the Yangzi Road (Zhong Shan Dong Yi Road today) of the Bund. After the establishment of Shanghai city in 1927, trees were planted along the roads.

After the foundation of PRC, Shanghai started city planning and construction in accordance with the unified plan made by CPC Central Committee. In the new era, the process of street trees planting developed. Especially since the reform and opening, in the 1990s, with the large-scale urban construction and renovation, the pace of street trees planting was accelerated. Therefore, avenues have become the urban scenery. In the new century, with much attention given by the municipal government, the construction of Shanghai Avenue aims high. Avenue development was included in Shanghai's 12th five-year plan of national economic and social development. Every county follows the goal of three "100", that is, to create and name 100 avenues, transform and renovate 100 avenues, and reserve 100 avenues, in order to accelerate and promote the implementation of the plan. Among the spring wind, trees shade the street. Avenues in Shanghai are embracing the pedestrian with new outlook.

Shanghai Boulevard, as a linear ecological factor in urban ecological system, a vigours ecological element, embellishes urban road, connects parks and green space, opens up the green network and enlarges the ecological function. Shanghai Boulevard, a unique cultural appeal takes root in the urban life and takes on various Shanghai styles, which are more charming in the shade of the avenues. Shanghai Avenue is a part of the public life and becomes the soft power of a livable and harmonious city.

Shanghai Avenue is the source of pride and happiness for Shanghai people.

Lu Yuexing

Director General of Shanghai City Greening and City Appearance Management Bureau

导言

上海衡山路、上海思南路、上海武康路……这一条条在中国近现代史上中外闻名的大马路，精致而色调沉着的老洋房夹杂在林荫枝影中。在炎热而忧郁的下午，如果你仔细倾听，就能听到行道树的语言；在红叶飘落的清晨，如果你认真观察，就能看到行道树挥动着手臂在向你召唤。遍布申城的无数棵行道树共同组成一个闪着绿意的名字：上海林荫道。

曾经，衡山路那法国梧桐夏日的阴凉、秋日的金黄，加之道路上的人文景观建筑，让这条林荫道闻名遐尔。现在，像衡山路般泛着时光记忆的无数条人文景观林荫道还在继续各自的故事，而无数条新兴的、生态化、自然化的林荫道，又蓬勃地发展了起来。让上海这座城市，在新风古韵间，平添无穷魅力。

在这个时代，上海林荫道注定不会仅仅是城市里的配角。去年召开的全国城市工作会议提出“统筹生产、生活、生态三大布局，提高城市发展的宜居性”“城市工作要把创造优良人居环境作为中心目标，努力把城市建设成为人与人、人与自然和谐共处的美丽家园”；上海制定“十三五”规划，也以创新、协调、绿色、开放、共享五大发展理念引领上海“十三五”发展。绿色正在成为“主色调”，生态环境越来越受到重视，这是时代的选择。

上海绿化条线工作的不少同志，还记得上海市委书记韩正于1998年时任副市长时说过的话：“把上海建设为世界发达的花园城市”。现在，韩正书记更加全面地考虑城市的生态管理，不断地在相关会议上提出新要求。相信上海林荫道会越来越多地走到前台，成为上海的名片。

分布在各区的林荫道，在书写和记录着这座城市的人文历史。上海的“味道”里面，有行道树的气息。上海风貌保护区林荫道的行道树大多具有几十年甚至上百年的种植历史，并与周边建筑与环境浑然一体，成为城市历史风貌保护区的重要组成要素，具有老上海浓郁风情和园林景观特征，如衡山路、武康路和新华路等；而上海的园林景观林荫道则更多表现出上海独有的园林街区景观特征，如花溪路、世纪大道等。相信来自世界各地的旅人、来自全国各地的同胞关于上海的记忆中，上海林荫道将成为一幅幅定格脑海的美丽画面，作为上海的名片，飞向五湖四海。当您走在上海的林荫道上，不管你是旅行、客居，还是常住沪上，申城的绿色都会热情拥抱你。当一片落叶飘下来，轻拂你的记忆，试问，这样的上海，这样的林荫道，会给你留下什么样的气息?

春赏花，秋看树。上海林荫道正在让申城变得魅力四射。诗意的背后是富于成效的工作，这项启动于2011年的林荫道建设工作，已经达到了人行道及非机动车道绿荫覆盖率90%以上，四车道以下的机动车道路绿荫覆盖率50%以上。“十二五”期间上海创建命名153条林荫道，改建提升164条林荫道，新建储备113条林荫道，林荫道网络已经形成，在改变着城市风貌的同时，切切实实地给市民带来了良好环境和生活便利。

华灯初上，洋房小院，迷人的光影，静谧而浪漫的生活气息，上海林荫道正在以蓬勃的生机，打造着一张张上海生态名片。

秦 丹

Introduction

In the modern history of China, roads of Hengshan, Sinan, Wukang of Shanghai are famous at home and abroad. The two sides are lined with delicate and calm toned old villa embraced by branches of street trees and their shadow. In the hot and gloomy afternoon, if you listen carefully, you could hear the voice of the street trees; in the morning when red leaves float down, if you observe carefully, you could see trees are waving their arms and calling for you. Countless street trees in Shanghai constitute a flashing green name, “Shanghai Avenue”.

The shady and cool summer under the plane trees alongside Hengshan Road, its golden autumn coupled with humanistic landscape architecture on the road, once made the avenue renowned. Now, countless human landscape avenues suffused with memories like Hengshan Road are still going on with their stories. At the same time, numerous emerging, ecological and naturalized avenues develop vigorously. All this is adding infinite charm to Shanghai along with the new rhyme.

In this era, Shanghai avenues are not doomed to play just a supporting role in the city. Last year's National Urban Work Conference proposed “coordinating the three layouts of production, life and ecology, to improve the livability of urban development”, and “the main objective of urban work is to create a good living environment”, and “striving to build a city into a beautiful home where people, people and nature coexist in a harmonious way”. The 13th five-year plan of Shanghai also upholds the concepts of innovation, coordination, green, open and shared development. Green is becoming the “main color”. The ecological environment is recieving more and more attention. All this is the choice of the time.

Many colleagues from greening industry of Shanghai still remember what Han Zheng said in 1998, who was then the vice mayor and principal leader of the municipal party committee: “we should build Shanghai into an internationally advanced garden city”. Now, Mr. Han Zheng considers the city’s ecological management in a more comprehensive way, and constantly puts forward new requirements in relevant meetings. I believe the Shanghai Avenue will be given more exposure and become Shanghai's name card.

The avenues distributed in every district and county of Shanghai, have been writing and recording the city's cultural history. Among Shanghai's “taste” there is smell of street trees. Trees alongside the avenues in protected areas of Shanghai features mostly have decades or even a hundred years of cultivation history, and blend perfectly with the surrounding buildings and environment. All these become one of the most important elements of the historical features of the urban protected district, with rich old Shanghai style and landscape features. Hengshan Road, Wukang Road and Xinhua Road, et al are such examples. And Shanghai Landscape Avenue shows the features of Shanghai garden district landscape. Flowery Creek Road and Century Avenue are good examples. It is believed that in the memory of travelers from home and abroad, Shanghai Avenue will be fixed for its beauty. As Shanghai's name card, the image of the avenues will fly to all corners of the world. When you walk on the Boulevard in Shanghai, the Shanghai Green will embrace you, whether you are a traveler, a guest or a resident in Shanghai. When a leaf floats down and touches your memory, how do you feel about Shanghai and its' avenues?

You may appreciate flowers in spring and trees in autumn. Shanghai is becoming more glamorous for its avenue. The charm is attributed to the hard work. The avenue construction work was started in 2011, and the green coverage rate of the pedestrian and non-motor way has reached more than 90%, and more than 50% of the motor way with less than 4 lanes. During the 12th five-year plan, Shanghai has built and named 153 avenues, upgraded 164 avenues, and reserved 113 avenues. Boulevard network has been formed. It has not only changed the style of the city but also brought good environment and facilities to citizens.

With the evening lights lit, the elegant villa, charming shadow and quiet and romantic flavor of life, the avenues are vigorously showing the ecological name card of Shanghai.

Qing Dan

风貌保护林荫道

衡山路
武康路
复兴西路
宛平路
新华路
华山路
南京西路
思南路
茂名南路
复兴中路
淮海中路
绍兴路
溧阳路
甜爱路

衡山路

衡山路梧桐大道

原名贝当路，建于1922年，由当时的法租界公董局修筑，是法租界著名的道路，1943年更名为衡山路。2011年，衡山路位列首批被命名为“上海市林荫道”的道路。

梧桐大道：位于徐汇区东北部，东北起桃江路与宝庆路相接，西南至徐家汇立交桥与漕溪北路相接，整条道路全长2098米，路宽21～22米，位于衡山路—复兴路历史风貌区范围。人行道和车行道的绿化覆盖率分别达到95%和85%左右，树荫浓密。

衡山路共有365株悬铃木（*Platanus x acerifolia*），俗称梧桐树，树木高度平均约25米，胸径平均约35厘米，树冠冠幅平均约15米。

老洋房的记忆：衡山路上稠密的枝叶，挡不住欧陆建筑和西式花园小楼精致的格调。掩映在繁茂林荫中的老洋房，缓缓地吐出时光的气息。林荫中的衡山路10号（现为704研究所）红墙建筑、衡山路303～307号西湖公寓、衡山路53号国际礼拜堂、衡山路321～331号集雅公寓、衡山路534号衡山宾馆、衡山路525号开文公寓、衡山路811号百代小红楼等，装点着衡山路的精致和优雅，欧式咖啡店、酒吧、教堂，无一不为衡山路增添了浓郁的异国文化气息，成就了上海最负盛名的浪漫休闲街。

双子公园：衡山路建国西路口以及广元路口三组开放式公共景观绿地以外，衡山路上还点缀着徐家汇公园和衡山公园两座美丽的公园，这些公园绿地为衡山路的综合景观创造了良好的生态环境，为上海市民交流、休憩、娱乐、文化、健身等提供了活动场所，是城市的“绿肺”。

上：衡山路811号百代小红楼
下：衡山路53号国际礼拜堂

衡山路·夜上海：初冬的傍晚，是衡山路最美的时刻。梧桐大道上一地金黄。漫步其上，梧桐树叶在脚下沙沙作响。沿街的公园绿地、洋房小院、酒店教堂，还有那散落各处的酒吧和咖啡馆，笼罩在一层迷人的光影之中，静谧而浪漫。上海这座城市海派生活和文化意识的“情调”在这里体现得淋漓尽致。

左页上：徐家汇公园
左页下：衡山路绿地
左：夜色斑斓的衡山路洋房
右：衡山路夜景

衡山路

作家笔下的衡山路：衡山路 598 号

孔明珠

衡山路靠近广元路口有五幢粉黄色的花园洋房，最当中一幢是598号，1990年代大家刚刚开始做发财梦的时候，我住在那幢房子的底楼。朋友们来玩都夸我命好，因为598上海话“吾就发”，意思是虽然你现在还没发财，但已经走在发财的道路上。果然不久我有了机会，跟随丈夫去到日本东京，每天打工到很累的时候，我会念叨念叨598这个数字，可终究没有发财的本领，回国靠了写作当编辑过上安静、俭朴的生活。

住在衡山路598号的时候，最让我喜欢的是这条林荫大道的安静与四季色彩变化。衡山路那时候公交线路不多，15路电车开到这里时，车厢里已没有几位乘客，均安安静静坐着，随车厢轻轻摇摆，好像车游。夏日酷暑，这条路上一早就众蝉齐鸣，“叶斯它，叶斯它……”像说上海话“热煞忒”。

衡山路两边行道树是法国梧桐，挺拔粗壮的树身呈灰绿色。春天，林荫道上梧桐树一夜之间萌出细芽，粉绿朦胧。树叶慢慢长大，天空的颜色一点点被遮蔽，到达盛夏时分，青绿色梧桐叶子都已经大过手掌，层层叠叠遮天蔽日。上海的秋天往往一夜之间到来，夜闻风雨声，醒来推窗看，梧桐树干飘摇，金灿灿黄叶铺满一地。到冬天，树干上会卷起小块树皮，斑痕像一只只眼睛，大小不成规则。再一个轮回春天又来了，老树皮泛出青绿色，树干穿上了迷彩装……

衡山路598号大铁门外左右两棵梧桐树粗壮到双手环抱不过来，树干略微有些倾斜，虬枝向马路中央伸出，在高处与对面枝干相遇，仿佛百年老友，轻轻握手，熟稔又矜持。

我居底楼，由于梧桐树叶遮盖，白天光线不太好，过滤后的阳光将斑驳树影照在粉红色窗帘上，摇曳生姿。衡山路的温度要比其他马路低2度不止，从烈日下骑车回家，一到衡山路立即像喝到冰镇酸梅汤，眉头舒展透出气来。1990年代还不是家家都有空调，到高温季节办公室同事都喊家里热得受不了，可我说还好啊我家始终28度，人家都不相信，以为我买不起空调硬撑，死要面子。

1990年代衡山宾馆虽然不是上海最好的宾馆，却是最安全的所在，设施齐备，低调的奢华。对面有凯文公寓，门口是凯文咖啡馆，当年时髦人以在凯文喝咖啡吃西餐沾沾自喜，老派人却喜欢到衡山宾馆包房用餐，坐在大堂沙发上喝咖啡，透过落地窗看风景，两派人闲闲相对，各自盘算。很早衡山宾馆地下室就有卡拉OK、酒吧、台球房，社会上混混知道轻重不敢去胡闹，太冷清就关掉了。

出衡山宾馆往东走几步就是外观很气派的国际网球中心了，真正进去打网球都不是一般人，晚上大堂酒吧曾经有两位歌手唱功了得，壮胆进去坐下听，付一杯啤酒钱很值价。那里中午的自助餐大厨出品味道不错，环境好，约三两好友经常去坐坐，舒舒服服打发大半天。

说回旧居衡山路598号，这幢小洋房之前是徐汇区牙防所，后来底楼是我出版社同事住，另有四五家其他人，只有三楼住户才是原屋主。1993年所有人都被动迁走了。我经常路过那里，每见598号易主装修，现在变成一家高端厨卫品牌陈列室。再要说1990年代初那三幢小洋房在海外的主人曾打包开价100万元人民币找不到买主的事，你以为是笑话或者神话，但是真事。

有一个画面经常会浮现我眼前，1993年我在办《交际与口才》杂志，兼职美编是我家对面中国唱片公司《音像世界》大个子美编。我们交接工作电话也不用打，我拉开大铁门，他拉开小木门，隔着一条衡山路大声吼起来，喂喂喂，什么时候交稿呀，你快点啊抓紧时间听到吗？再看那时的照片，我们真年轻。

时光呀，请慢点走。

左页、上：衡山路598号

武康路

原名福开森路，始建于1907年，时任南洋公学（上海交通大学前身）“监院”的美国人约翰·福开森用自己的薪水修建了这条土路，后几经翻修，成沥青路面，以福开森之名命名。1943年10月，福开森路改名为武康路，从此武康路闻名于上海滩。2011年6月，武康路获得由文化部与国家文物局批准的 “中国历史文化名街”的荣誉称号。

近代百年历史名人路：武康路位于徐汇区北部，属于衡山路—复兴路历史风貌区范围，北起华山路，南至淮海中路，接天平路、余庆路。全长1180米。武康路上大树成荫，沿线有优秀历史建筑及保留历史建筑50余处，被誉为“浓缩了上海近代百年历史”的“名人路”。

左：武康路历史建筑
右页：武康路林荫道

名人故居“密度”非常高，其中393号是民国革命先驱黄兴的故居，孙中山曾多次借宿这里商议革命；武康路与湖南路口的湖南别墅先为周佛海私宅，解放后邓小平、陈毅在这里暂住过，贺子珍则在此居住了20多年；113号是一代文学巨匠巴金的故居，在这里完成了《随想录》；荣获2009年诺贝尔物理学奖的华裔科学家高锟曾

上左、上右、中左：武康路巴金故居，武康路113号
中右：武康路黄兴旧居，武康路393号
下左：武康路40弄
下右：武康路99弄

左：武康路103甲
右：武康路390弄

就读于武康路世界学校；淮海中路武康路口宋庆龄故居，宋庆龄于1948年冬迁居于此。

欧陆风情街：武康路沿线西班牙式、法国文艺复兴式等风格的建筑极富特色，是上海中心城区最具欧陆风情街区之一。858号东美特公寓，即现在的武康大楼，位于淮海路和武康路的交界处，是武康路标志性建筑； 40弄1号唐绍仪旧居，是西班牙风格的独立式花园住宅；99号正广和老屋刘靖基旧居，位于武康路和复兴西路路口，是英国乡村别墅式花园住宅；115号密丹公寓为艺术派风格的公寓住宅；117弄1号周作民旧居是中西式混合风格花园住宅；武康路117弄2号是李及兰旧居西班牙风格花园住宅；240号开普敦公寓湖南路武康路交叉口，湖南别墅的对面，是当年的英国公和洋行设立在上海的建筑设计事务所； 274号郑洞国旧居，是现代派建筑；390号，是地中海式建筑风格的洋房； 395号北平研究院旧址，是巴洛克风格花园住宅……

武康路的行道树种植晚于道路建设，具体年代无法考证，现在的树种为枫杨（*Pterocarya stenoptera*）和悬铃木，枫杨是原有的乡土树种，悬铃木为后期种植。现有行道树共250株，树木高度平均约13米，胸径平均约20厘米，树冠冠幅平

均约10米，人行道和车行道的绿化覆盖率分别是92%和82%。两处微型绿地道路两端有最值得一提的是淮海中路口的小绿地，三株榉树树冠圆整，下部花草郁郁葱葱。2014年，武康路被命名为“上海市林荫道”。

落叶景观道：2013年秋末冬初，徐汇区尝试将武康路、余庆路营造成“落叶景观道”，落叶景观道观赏体验时间不长，但给人的感受却非常震撼。从每年11月开始，在大多数树叶还保持着绿色的时候，已经有一小部分金黄色的先锋树叶迫不及待地扑向地面，星星点点地落到灰色的人行道上，形成一抹亮色，向人们宣告着树之生命的轮回。2014年徐汇区又将湖南路、复兴西路（武康路—高邮路段）纳入落叶景观道范围。

左：武康路历史建筑
右：武康大楼
下：秋日落叶

复兴西路

原名白赛仲路，是1914年法租界公董局辟筑的泥土路，后改为柏油路面，1920年10月以一战中战死士兵名字命名为白赛仲路，1943年曾改名“西大兴路”，1945年12月正式改名复兴西路。

Art Deco艺术装饰的建筑：复兴西路是徐汇区北部东西走向的一条道路，东起淮海中路接复兴中路，西至华山路，自东南向西北蜿蜒，全长1040米。浓荫郁郁的梧桐树下，整条马路和周边建筑显得格外的宁静和自然，富于时尚气息和小资情调。

左：复兴西路林荫道
右：历史建筑

34号隐于绿荫下的上海滩“四大老公寓”之一——卫乐公寓，是较高级的近代点状塔式高层花园公寓；44弄2号，坐落着七幢造型典雅、极具Art Deco风格的三层楼洋房，合称“玫瑰别墅”；147号是同样具有西班牙式风格的公寓，著名作家柯灵及其家人曾入住；此外较著名的还有24号乌鲁木齐中路口的麦琪公寓，26号的白赛仲公寓等。如今的复兴西路有的不只是历史，还有与之并存的时尚气息和小资情调。浓荫郁郁的梧桐树下，整条马路和周边建筑显得格外的宁静和自然。

没有喇叭声的街区：复兴西路沿路种植了大量的法国梧桐，绿树成荫，环境幽雅，是没有喇叭声的街区。道路现有行道树237株，树种均为悬铃木，树木高度平均约20米，胸径平均约30厘米，树冠冠幅平均约15米，人行道和车行道的绿化覆盖率分别达到95%和85%。2012年，复兴西路被命名为“上海市林荫道”。

上：秋意浓
下：历史建筑
右：绿荫下的等候
右页：一路如带

宛平路

原名汶林路，1920年由法租界公董局建成，1943年改名宛平路。道路全长1018米，路宽15~26米。宛平路现有行道树242株，树种为悬铃木和零星麻栎，树木高度平均约12米，胸径平均约22厘米，树冠冠幅平均约10米，植株生长良好。人行道和车行道绿化覆盖率分别为97%和94%。

2004年徐家汇公园三期建设时，宛平路南段（肇家浜路—衡山路段）道路拓宽至26米，道路建设时将原来该段西侧的人行道辟建成道路中央隔离绿带，保留了原来的行道树，并在徐家汇公园一侧新建的人行道上移植了大规格的悬铃木作为行道树。该路段成为道路改建保护行道树的优秀案例，保留到中央隔离绿带的高大悬铃木树荫

浓密，庇荫着两侧机动车道。

徐家汇公园一侧人行道被设计在公园绿地内，公园的树木花草将该区域人行道包裹在绿色的环境中，行人穿梭于绿色走廊中。宛平路北段位于衡山路—复兴路历史风貌区范围，环境幽静，主要以1920年代至1940年代兴建的花园洋房和新旧式里弄为主。2012年，宛平路被命名为“上海市林荫道”。

左页：秋意浓
左：徐家汇公园
右：整体景观

新华路

原名安和寺路，修筑于1925年，属于上海公共租界越界筑路。1965年改名新华路。新中国成立后数度整修。1971年延伸到中山西路，同时建成与沪杭铁路立交的车行地道，1992年延伸到延安西路。

“上海第一花园马路”：新华路是长宁区一条东西走向的绿色走廊，东起淮海西路，西至延安西路，是沟通虹桥路、延安西路与淮海中路的重要通道。道路总长2203米，拥有胸径30～40厘米不等的行道树悬铃木343株。是2011年首批创建成功的市级林荫道之一。

新华路的法国梧桐：80年前的“安和寺路”还是一条曲径通幽的小路。80年过去了，它藏身于茂密的梧桐树荫下，安静而贵气、含蓄而幽雅，与散落在沿街两侧的英国、德国、美国、荷兰、意大利、西班牙等风格迥异的近代优秀历史建筑交相呼应，散发着浓郁的欧陆风情。

新华路的法国梧桐，有一种张扬的美。本在路两旁的大树，却在空中交会在了一起，浓密的树叶，把整条路罩得严严实实，似乎变成了一个舞台。在这个长满了法国梧桐的道路上，围墙上偶见欧式的浮雕。入夜后，谜样的酒吧，让这条历史悠久的老路，在古朴中透出一丝时尚来，悄然续写着老上海的浪漫主义情怀。

上：花园别墅
下：新华别墅
右页上：人静车马稀
右页下：绿色曲谱

新华路林荫道

馬哥孛羅咖啡

华山路

原名徐家汇路，始筑于1861年，1921年改称海格路，1943年10月改称华山路。新中国成立后，全线曾分段修建，区内路段1977年改建，1991年又作较大规模改建至今，两头连接着上海的两大商圈——静安寺和徐家汇，串联起了南京西路、延安西路、常熟路、乌鲁木齐中路、长乐路、兴国路、肇嘉浜路和虹桥路等沪上知名道路，环境清静幽雅。

马路的贵族气质：长宁区段华山路，西起兴国宾馆，经江苏路、复兴西路、武康路到镇宁路，长1716米，沿线258株行道树，树种为悬铃木，80%胸径达30厘米以上。

这条路曾是旧上海风云际会的一条贵族马路，在喧嚣中继续保持着自己的沉静和典雅，路两旁的法国梧桐静谧无声，守护一街安静。如今漫步华山路上，道路两旁郁郁葱葱华盖参天的法国梧桐树中，别样风情的百年建筑、名人旧居隐逸其中，格外具有历史感。

左页：华山路风情
上：别墅建筑
左：古朴优雅
右：华山路绿地

南京西路

南京西路林荫道起于成都路，止于延安路。2014年，南京西路全线创建为林荫道，行道树呈单排式种植，局部（铜仁路—西康路段）为双排种植，树种为悬铃木。

南京西路沿线以商务楼、商场为主，道路两旁行道树长势良好、规格相当，与整形黄杨、四季草花形成的中下层机非隔离带和人行道绿化带相得益彰，机动车道路绿荫覆盖率达到70%以上，为南京西路商圈的行人、游客等提供了宜人的游憩空间和优美的观景环境，是静安区最具代表性的一条集功能与景观于一体的林荫道路之一。

左：南京西路休憩设施
右页：南京西路林荫道

东
1266
南京西路
西
1266
E
Nanjing Rd.(W)
W
停车行为违法
请立即驶离

作家笔下的常德路：常德路的上街沿

程小莹

每天要走常德路。每天都会有新鲜的感觉，一条马路一点一点在变样。那时候，常德路大修，修路是这样的—— 一段，一侧，到这一段走这一侧，另一侧在翻修；到那一段走到那一侧，另外一侧在翻修；栅栏隔离。人在这边厢走，往那边厢看——拆房，推墙，上街沿推平，掘开来，土翻起来，工人伏身于地底下，不晓得在忙什么。明天也许就换过来了。这样的，换几个来回，一条马路横向纵向的就断开，再拼接起来，像动手术的肌肤，等待最后的缝合。铺上最后一层沥青，灰头土脸的日子，便到头了。路面呈黑色，一夜天的工夫，便画上了车道线、斑马线，要紧的是，上街沿的台阶做好了，挺括。洒水车开来，当场洒水冲洗，边上园林工人等着，种上行道树；路中央，隔离带是盆栽的花卉。

这是个过程。其间便保持着狭窄的通行。有一阵子就觉得，生活的路啊，为什么越走越窄？这是1980年代青年的社会讨论问题，曾轰动着呢，如今倏忽间又萦绕在耳畔。上海马路这样的气象万千的状况，在过去的许多年里延续着；最明晰的感受，是想明白，马路再宽，人生其实只需要一段上街沿，几棵行道树。常德路上的上街沿和行道树，就成为我生活的一部分。

就像落雨天气。冬天的雨落在常德路上，总觉得雨都落在大马路上去了，落在上街沿的，犹如细丝——没有风，雨很细致、细腻、细心地落下来，匀称而均衡。沥青路面闪着光。行道树，让雨有个间隙。公共汽车慢吞吞地靠站，被围在潮气里。有女人下车，把着伞，伞呈垂直，像包装箱上的防潮标识。四周的水珠子垂直落下来。这让人觉得很安心。我看到走在上街沿上的人都很安心的样子，我也很安心。

对面就是常德公寓。也便是张爱玲所说的“公寓是最理想的逃世的地方”的地方。张爱玲住在这里的时候叫爱丁登公寓。张爱玲和她姑姑在这个公寓住得最长远。

张爱玲就是在这里进进出出，细心地爱上了胡兰成，成就了一出人文故事。常德路上的上街沿，把寻常日子弄出故事，弄出文化，弄出名气。常德路就这样成就了通俗作家。

在常德路，往北，再走一段，过北京西路。我就喜欢上了上街沿上的军人。那时候上海警备区的大门开在常德路上。上街沿与军人、司令部有关的细节，让我聚精会神。我看见站岗的军人挺立于上街沿上的岗亭，执枪肃穆，目不斜视。换岗的时候，他们互相敬礼，正步走，向后转，两个脚跟一靠，迈步，返回营区。我不知道他们在坚守什么，但坚守的样子令人肃然。这时候，我喜欢目送离开岗位的哨兵远去，一个已经离岗的军人依然迈着整齐的步履，大衣的下摆随着跨步左右摆动，走到老远，依然一左一右地微摆，这令我晚间的一小段时光，与这样一个远去的军人背影缀合在一起。有些东西需要坚守，哪怕已经下岗，已经远离，已经被淡忘，已经被边缘，一个人的坚守不要结束。

我走在常德路上，上班，回家，并且回忆往事，将自己前20年与后20年的岁月联系起来，是一些人物，一些对话，一些地点，一些情绪，一些心思，向我展示出过往的人生与未来。

常德路不长。上街沿挺括。显示出一个层次，是一步台阶。人生的路线也就是这么一段；要上一个台阶。上街沿须做得挺括，并且有行道树。踏上上街沿的台阶，人的心底踏实。树上飘落下一片树叶，也像一页文稿纸一般；落下笔墨。

左页：常德路
上：银杏秋景

思南路

原名马斯南路，1914年修筑。这条路，不长也不宽，还有着漂亮的弧度，20多幢花园洋房几乎涵盖了老上海的所有民居样式，为你展示出当年法租界里小马路的典型特征。

思南故事：不仅因为这条路上有着让今天的年轻人颇感陌生的地名——法国学堂（今天的科学会堂）、法国公园（现在叫复兴公园）、广慈医院（就是瑞金医院）。也不仅是因为这条路有很多建筑都有故事可以讲述——41号，上海文史馆，曾是华拉斯住宅（Wallace Residence）；73号，中国共产党代表团驻沪办事处纪念馆（周公馆）；87号，梅兰芳故居；与之相交的香山路（香山路7号），孙中山故居。也不能否认，作为上海11个历史风貌保护区之一，“思南公馆”的成功开发不但最大限度地保留了当年花园洋房的“原生态”，也吸引了追求时尚的年轻一代去走近那些已有所淡忘的历史遗存。

四季皆景：春时碧玉，夏时翠绿，秋时金黄，冬时遒劲。思南路一年四季皆是景，尤其是夏天，碧绿的浓荫遮盖了整条马路，刺目的阳光变成了斑驳摇曳的光影，滚滚的热浪褪去了灼人的温度，化成宜人的微风，让人们忘记了高温下的焦灼，淡定自若地徜徉在那些样式别致的欧式别墅间，听隐藏在树荫里的那些房子讲述曾经发生的故事，看那些重获新生的房子投射出的当代风情和格调。

右页左：绿意浓浓
右页上：孙中山故居
右页中上：周公馆
右页中下：复兴公园草坪
右页下：瑞金医院

思南路老建筑

思南路初秋

茂名南路

原名迈尔西爱路，1919年至1943年间所称，长1275米，是一条有深厚历史背景的马路。

旗袍与中式服饰商店一条街：两侧历史建筑和瑞金宾馆、锦江宾馆很显华贵，在这条街可以从容享受JAZZ和下午茶，倾耳聆听音乐和欣赏戏剧……现今，茂名南路从淮海中路到南昌路的一段，已汇聚成旗袍与中式服饰商店一条街。

梧桐通道深处：茂名南路没有淮海路的闹猛，老树举起树冠做成的巨伞把街道变成一处清凉地。向梧桐的通道深处走，慢慢地寻找那消失了许久的宁静。亲见百多年来西欧文明在这个小地方所呈现出的含蓄中张扬着的个性。

迷离的树影下，在路边酒吧门口的椅子上翻翻报纸，看梧桐树叶静悄悄地落下，可以让身心都安静下来触摸历史的体温、感受曾经激荡的世纪风云、体味梧桐的婆娑。

左页左：建筑景观
左页右：绿荫斑斑
左：整体景观
上：旗袍店
下：锦江饭店

复兴中路

原名法华路，复兴中路最初是1914年上海法租界向西扩展时，法租界公董局增设南长浜建成，后几经扩建并正式用法国大革命时期的著名将军Marquis de Lafayette的名字命名为辣斐德路（Rue Lafayette）。

石库门里弄的背后：复兴中路沿路多花园洋房、公寓和石库门里弄，和1941年的辣斐剧场，于伶领导的“上海剧艺社”在上海孤岛时期演出过不少左联作品，不少“老上海”剧情的影视作品，都曾在这里拍摄过，如由曹禺同名话剧改编的电视剧《日出》、经典沪语电视剧《孽债》、许鞍华电影《半生缘》，等等。

复兴坊——复兴中路553弄，初名辣斐坊，1928年建造，住过不少文化名人；因主持商务印书馆而名闻遐迩的张元济曾经把合众图书馆放在复兴坊。

何香凝旧居——复兴中路8号，廖仲恺夫人旧居。

画家刘海粟故居——复兴中路512号。

这条道路两旁的行道树，见证着一个个让“老上海”所津津乐道的故事。这些最初离路边1.5米、彼此间隔10米的悬铃木如今不仅是枝繁叶茂，树身也粗壮得几乎占满了树穴。它们成就了复兴中路景观，经历了上海昨日的辉煌。

左页：复兴中路一瞥
上：复兴坊
下：刘海粟故居，复兴中路512号

左页：复兴中路秋意浓
上：复兴公园
下：复兴中路旁思南公馆

作家笔下的林荫道：沉默的风景

肖紫

爱德华·勒维说："我喜欢旅行，在别处停下。生活之于我好像童年的星期日下午一样永无止境。"现在想起来，多年之前当我天天在衡山路上徜徉的时候，我或许是把它看作一次不间断的旅行的。说实话，我对梧桐树并没有多少感受，我对街面上的商店更感兴趣。有一家美发店是我喜欢去的，1990年代中后期的理发店，偏于简陋和不讲究，而这家店已经有点引领风气了。进门，有人会接过你的外套挂到柜子里，替你换上紫绛红的和式宽松罩衣，然后再洗头，按摩，周到细致，绝对不会偷工减料。说句题外话，现在再也找不到如此细致体贴的服务了，现在，我买了卡，按摩另付费，但还是感觉得到按摩者手下的潦草和敷衍，那种不情愿通过手势分明告诉你，一下一下"不情愿，不情愿"，嘴上却一个劲地推荐其他收费项目。"欧式洗头要么？你看，沙漏放在旁边，绝对洗满45分钟。""要不要试试我们的艾灸？很舒服的。""啊呀，你发质有问题，做头皮保养吧！"还要给你讲五行养生，听到受不了了对她说"好吧好吧"，她才终于停止了手上的"不情愿"，离开，让你耳根清静一会儿。

从美发店出来，隔几个门面是某家现在到处都有连锁店的面包房，那时这个品牌刚来上海不久。衡山路上的这家比别的地方多了桌椅，店堂中间和角落各有一小圆桌，买了蛋糕面包可以坐下来歇一息的。而时间稍长的停留，斜对面那家咖啡馆似乎更合适，找个靠窗的位置坐下，透过落地大玻璃窗看衡山路上的街景，对面街角的衡山宾馆，时髦姑娘或者就是附近出来走走的居民，买东西的或者接小孩的。附近高安路上有小学，姚明是那儿的著名校友。1990年代中后期下午时光的衡山路，阳光温暖而平和。

衡山路永嘉路路口转角的二楼有家饭店，饭店的前身似乎叫雪园酒家？经常去这家饭店吃饭，菜式熟悉，老板也熟悉了，老板是老克勒的样子，卖相老好，冬季，一条火红的围巾甚是耀眼，总是笑容满面地过来寒暄，询问对菜式、服务是否满意？我们总是说满意的。不满意谁还来？对于一家饭店的如此忠诚度，以后再也没有了。总是吃几次就厌了。时间过去那么多年，现在，我还能随时记起这家饭店的菜，清炒海瓜子，油豆腐黄豆芽，排骨番茄土豆汤，葱烤鸦片鱼头，芒果色拉……中西式都有，也偏向家常。衡山路并不是想象中的拒人于千里之外的靡费。

晚上，霓虹灯亮起来的时候，去离饭店不远的酒吧喝杯啤酒是个不错的选择，冬季坐在店内，灯光昏暗，声音吵闹，再加烟雾腾腾，不明白那时为何愿意坐着，有时说话互相都听不清，但还是愿意坐着，就在那样一种氛围中，让时间嘀嘀嗒嗒过去。

衡山路吴兴路口那家带花园的饭店叫什么来着？看看，有段时间了吧，现在没有了？衡山路上变化好大，上海第一家越南菜式的“西贡餐厅”关掉了，经常去坐的面包房也被另一家取代，那家美发店也不见了。

若干年以后的现在，我对不断变换门面的商店不再感兴趣，变得太快了，无法建立感情。而此时，我发现，只有那些梧桐树其实才是这条街的真正主人，它们不变地站着，站成风景，也站成观察者、记录者、评判者。它们才是可以让你辨认的永久存在。

你看，衡山路的梧桐树夹道而立，树冠倾盖，不管白天黑夜总是不声不响的，有风的时候，至多“窸窸窣窣”，像低语，但其实可能它们还是喜欢沉默的，沉默在有些时刻可以表现为一种更为有力的与声音的某种联系。这种由风而起的响动，听上去让人觉得似乎接近于一种思想的声音，如果树真的有思想的话。我宁愿相信树是有思想的，树决意与人类拉开距离，它们可能不情愿像人类一样絮叨、喧闹，更不情愿如人类一样匆忙……因此它们就一直这样站着，矢志不渝地站着，直到将它们自己站成了与街道一样著名的树，不知是树借了街道的光，还是街道借了树的光，站到它们被称作衡山路的梧桐树。或者有梧桐树的衡山路。再或者，提到衡山路时脑海中呈现的图像是冠盖相接的林荫道——那些梧桐树层层叠叠遮天蔽日隧道一般幽深地将徐家汇和乌鲁木齐路和淮海路以及延庆路等联接起来。

而此时自由的阳光正闪耀在树梢之上。斑驳洒满一地。

左页：路边咖啡馆小景
上：梧桐树夹道而立，树冠倾盖

淮海中路

原名霞飞路，它是上海市中心繁华的商业街之一，也是最美丽、最摩登、最有“腔调”和情趣的一条街。现代化建筑林立，时尚名品荟萃，紧随世界潮流。

以高雅浪漫著称的百年淮海路，是一个众人眼中华贵雍容的购物天堂。它持久的生命力源自1900年诞生以来，始终与时俱进的步伐与海纳百川的胸怀。

两侧建筑各具风采：欧美古典、中式古典、欧陆新潮及跨世纪大都市的建筑风格，店内考究的装潢，一个贵气了得。但却优雅、自然，令人流连忘返。

人文景观丰富：国家级文物保护单位“中共一大会址”、“共青团中央旧址”等均坐落于此。

饮食文化发达：饿了，到“全聚德”、“吴越人家”享受纯正的中餐，或到太仓路的新天地享用上海新式菜肴——白领们对这里情有独钟，当然，也可以去散落在路边卖汉堡、匹萨、烤肠、蛋挞、珍珠奶茶的各家精致小店纵享小食。

累了，不妨在新华联门前花艺与休憩兼备的座椅上小坐，亦或去淮茂绿地、四明里绿地小憩，感受绿化带来的清宁，甚至可以到三联书店、新华书店的书海翰香中徜徉。

上：俯视淮海路
下：淮茂绿地
右页：璀璨夜景

上、**下**：淮海公园

绍兴路

原名爱麦虞限路，筑于1926年，全长470.5米，以意大利国王之名爱麦虞限命名，1943年改名为绍兴路并沿用至今。绍兴路有市优秀历史建筑3处，区级文物保护单位4处，区登记不可移动文物1处，名人旧居11处。

新式里弄——金谷村、安宁村、惠安坊、爱麦新村；

中国科学社——原卢湾区图书馆会心楼；

明复图书馆——1931年建立的中国近代第一个科技图书馆；

金谷村——居住过民国时期曾任上海市市长的张群、抗日名将蔡廷锴等。

左：金谷村
右：文化建筑

上海出版业发源地：《故事会》《小说界》《艺术世界》《音乐爱好者》等，都是从这儿走出去的。上海三联书店、上海音像出版社和上海人民出版社等均曾入驻绍兴路上。画廊行业也发展迅速，以及各类中介机构稳步发展，为推动绍兴路文化街的建设中起到了很大作用，如上海市出版工作者协会、上海市版权保护协会等。

市井与书香并存：

一踏入绍兴路，幽静扑面而来，周遭的车水马龙嘈杂之声立刻消失得无影无踪。这里有近百年历史的老洋房、路边聊天的居民、树荫下挂着的鸟笼、弄堂深处的民居窗户种植的各色花卉，有上海新闻出版局、文艺出版总社、上海昆曲团安闲地居于老洋房中，丝毫没有张扬之感；路边的店也很含蓄地经营着。

汉源书店——读书人的乐园，思想者的交流地，可边读书边喝咖啡；

巴掌大的小公园——绍兴公园是个戏曲主题公园，墙上挂着脸谱，有人拉着二胡，方寸之地也显艺术氛围。

左页：绍兴路林荫道
左：上海市新闻出版局
右上：上海昆剧团
右下：绍兴公园

溧阳路

原名狄思威路，1943年更为今名。溧阳路位于虹口区中部的鲁迅公园板块，南起黄浦江畔虹口港，北迄四川北路，溧阳路因开辟较早，路两侧大多是旧式的里弄。“山阴路历史文化风貌区”：溧阳路沿线有48幢花园洋房，基本上都是20世纪二三十年代建造，灰砖红瓦，英国建筑风格。大多有两个门牌号，从中轴线划开，两户人家共享一栋花园别墅，在今天即被称为“双拼联体别墅”。其中有郭沫若故居、鲁迅存书室、上海解放前的上海总工会、曹聚仁旧居、金仲华旧居等。

特色文化墙：溧阳路（四平路—四川北路段）于2012年被命名为“上海市林荫道”，全长约550米，沿线的222株悬铃木基本都是胸径30～50厘米的大树和特大树。在炎炎夏日、浓浓树荫下，欣赏沿途的特色文化墙，探访名人故居，绝对是一件让人感觉舒心惬意的事情。

左：历史建筑
右：文化名人墙
右页：溧阳路秋景

甜爱路

原名靶子场路，1920年建，又称千爱里（路）。抗战胜利后（1945年后），以谐音改称“甜爱路”。甜爱路南起四川北路，北至甜爱路315弄，毗邻鲁迅公园（虹口公园），长526米，原系靶场内小路。甜爱路是上海中心城区少有的以水杉（*Metasequoia glyptostroboides*）为行道树的道路，行道树合计220株，胸径多在30～40厘米。水杉树形挺拔，秋叶红褐色，与周边建筑相映成趣。甜爱路于2013年被命名为“上海市林荫道”。

上海最浪漫的马路：甜爱路有爱情路之称。路口有一对情侣铜像，据说牵手走过这条小路的情侣可以收获永久的美满爱情。这条小路的特别之处在于道路两侧的围墙上每隔2米就会有个木框，上面刻着各国各朝的情诗共28首，组成了一道“爱情墙”。

这里还有一个爱心邮筒，盖上爱心邮戳从这个邮筒寄出明信片给朋友或情侣，已成了一个浪漫的投递方式。甜爱路路边是一幢幢风情小洋房，沿街还亦开着各具特色的小店铺。

左页：爱心邮筒
上左：秋态照
上右：爱情墙

园林景观林荫道

世纪大道
肇嘉浜路
花溪路
昌平路
永和路
苏家屯路
江川路
北江燕路
思贤路
团结路
金零路
古华路
清河路
珠溪路
宏海公路

世纪大道

世界上唯一的不对称景观大道：世纪大道的功能定位为城市景观大道，法国夏氏—德方斯提供方案设计，将世纪大道中心线向南偏移10米，成为世界上独一无二的不对称道路，气势宏大，具有强烈的园林景观效果。世纪大道，从东方明珠至浦东世纪公园全长约5500米，宽100米。西起东方明珠，东至浦东新区行政文化中心，被誉为“东方的香榭丽舍大街”。

绿化和人行道比车行道宽：世纪大道是第一条绿化和人行道比车行道宽的城市景观大道。在设计上较好的解决了人、交通、建筑三位一体的综合关系。为凸现园林景观效果，绿化景观人行道占69米，北侧44.5米宽的人行道布置了4排行道树，常绿的香樟（*Cinnamomum camphora*）在外侧，沿街的内侧则是冬季落叶乔木银杏

上、右：世纪大道
右页：世纪大道，陆家嘴

(*Ginkgo biloba*)，起到了夏遮冬透的种植效果。南侧宽24.5米，布置了2排行道树。北侧人行道还建有8个180米长、20米宽的“植物园”，分别取名为柳园、水杉园、樱桃园、紫薇园、玉兰园、茶花园、紫荆园和栾树园，主题突出、各具特色。向西延伸便是陆家嘴金融贸易区，环岛的花坛和世纪大道中央绿带花卉的布置，构成了陆家嘴地区一道独特的园林景观。

上：世纪大道
右页：世纪大道，日晷

主题雕塑和艺术作品文化韵味深厚：目前已建有“东方之光”、“世纪晨光”、“五行”等雕塑，简洁的造型配以精致的金属张拉结构小品，无论是立柱、还是长椅、护栏、灯杆及遮蔽棚都采用了统一的色调，成为标志性、特征性的色彩。

世纪大道的建设，不仅对浦东功能开发和形态开发有重大影响和作用，而且是上海世纪之交城市形态建设的标志性景观。这是一项宏伟的建设工程，两侧的绿化景观工程和商业、文化、旅游、休闲功能的开发工作还在不断完善。

肇嘉浜路

上海第一条林荫大道：肇嘉浜路绿带位于上海市区西南，东起打浦桥、瑞金路，西至徐家汇。绿带总长3060米，绿地总面积约6.4万平方米。现绿带最宽处约27米，最窄处约12米。肇嘉浜绿带原为污水汇集的臭河浜。浜北为原徐家汇路，浜南为斜徐路。1954年填埋，将一浜二路合为一路，两边为车行和人行道，中间为绿化带，原最宽处60米，最窄处6米。肇嘉浜路林荫道规划设计充分考虑各路段的不同环境、宽度，采取不同的布置和隔景、障景的手法，达到整条林荫道既统一又富有变化。

道路绿带群落调整：在1960年代、1990年代末和迎世博600天期间，肇嘉浜绿带先后进行了三次改造，形成目前以大树、花灌木、草坪和花境为主的封闭型交通隔离绿带。植被主要有水杉、女贞、香樟、银杏、悬铃木、合欢、池杉等30余种乔木；八角金盘、栀子花、海桐、狭叶十大功劳等20余种灌木；常春藤、扶芳藤等10余种地被。目前肇嘉浜路绿带乔木生长良好，乔木林生长期基本在10～35年以上，具有一定的保留价值。但灌木生长过密，大量成片种植的灌木色块生长受影响绿化景观单调，品种相对单一，缺少色彩。

在改造中首要的就是保留、梳理已有大乔木，形成以水杉、女贞为主体的特色乔木林带，体现疏朗清新、传承绿脉的意境。

肇嘉浜路的灌木群落由于林冠的郁闭，大部分片植表现过密，部分品种已经衰退。局部调整种植形式，使其呈丛状、自然块状（如火棘、杜鹃等）；同时增加耐阴、色叶、开花地被等，营造出疏密有致，通透灵动的空间。

对原有地被的改造，以新增下木群落形成麦冬、大吴风草为主的常绿地被和石蒜、鸢尾、八仙花为主的花叶地被，突出规模效应，形成卢湾段以自然为主、徐汇段以花卉景点为主的特色，烘托色彩突出“简洁热烈、印象徐汇”的主题。

左页：疏朗大气的下木空间
上：1998年改造后的肇嘉浜路实景
下：解放前的肇嘉浜

道路节点景观改造：肇嘉浜路贯市区东西，路口多而空间较大。对万余平方米的路口重点景区进行了改造，以不同材质和形式的容器、花坛、花境为载体，形成分别为音乐、运动、科技、文化、韵律、时尚的都市生活系列小品，营造共迎节庆的热烈气氛。

宛平路口，在部分保留原有花灌木的基础上增加观赏草花坛和花境，布置珍珠般洒落的球形灯具融合于五彩花卉，使得夜景迷人，霓虹荧光更是寓意了传统与现代之间的传承，以刻有波状纹理的欧式造型花钵营造欢快热烈的气氛。同时在路口节点，布置草本花卉为主的花坛和花境，花卉用量由东向西逐步增加，在徐家汇广场中央达到高潮，营造了良好的节日氛围。

在襄阳南路口，保留原有乔木层，去除一侧原有游步道，增加耐阴性地被和宿根花卉，形成多彩的花境，以雅致的陶瓷茶壶造型的花钵结合背景音乐的播放，营造轻盈浪漫的氛围。

肇嘉浜路绿化景观改造工程以肇嘉浜路的历史渊源为依托，结合点、线、面，即路口景点、沿线绿带、绿林地的结构调整，丰富了春景秋色的植物新优品种，如东方杉、夕阳红红花槭、北美枫香、密实卫矛、百子莲等，在表现肇嘉浜绿带自身特色的基础上，实现肇嘉浜路全面的绿化景观改造。

左页上：肇嘉浜路，多彩的花境
左页下左：八仙花
左页下中：百子莲
左页下右：大吴风草
上左：保留的水杉林
上中：路口容器花卉景点
上右：密实卫矛

花溪路

上：花溪路整体景观照
右页：花溪路环河照

“曲径渐清凉，挺杵入碧舫。夹道无穷影，垂钩泛微漾。”

最受水源润泽的林荫道：花溪路是最受水源润泽的一条林荫道，南起桐柏路，北至枫桥路，长度637米，道路紧临三分之一的曹杨环浜，起承转合，宛若河伴。

一片绿荫，居民依傍：花溪路沿线道路绿地6000平方米，两侧行道树为道路撑起了一片绿荫。在占地214万平方米、人口密集的曹杨新村街道中，虽然路幅较窄，但公共游憩空间却不容小觑。作为大型居住社区中的景观道路，花溪路为曹杨一村、四村的居民乃至外围半径的社区人群提供着健身、休闲的理想去处。

林荫道、河道以及“水下生态廊道”同入画：依水而建，沿河绿地内的亲水河岸是一条延绵的纽带，把林荫道、河道以及“水下生态廊道”一同揽入画中。清晨，微风徐来，轻轻拂动晨练者的衫缕。树梢上的露珠滴落，沁入河面，惊动了鱼儿；涟漪逝后，成片的水生植物在水中轻舞。侧耳倾听，仿佛整条道路都在静静地呼吸。

花溪路“十一五”期间被评为全国景观道路，与周边的兰溪路、枣阳路、桐柏路、杏山路、枫桥路等已俨然成荫，形成了上海地区为数不多的林荫片区之一。2014年秋末冬初，普陀区将花溪路、桐柏路试点为落叶景观路，满足市民享受美丽秋景的愿望。

区域林荫道葱茏翠意，社区静谧宜居：区域内的延川路2013年被评为上海市林荫道，全长587米，栽植了珊瑚朴（*Celtis julianae*）做行道树（平均胸径30厘米以上），夏季叶茂荫浓，秋季树叶又仿佛披上了金黄色的外衣，季相分明，独具一格。配合沿线400余米垂直绿化所栽植的五叶地锦，整条林荫道仿佛是一条绿廊，带你领略四季芳菲，周边的居民无论是去祥和公园散步，还是去车站乘车，都更愿意欣赏这条别有风味的道路。

桐柏路，葱茏翠意，2012年被评为上海市林荫道。南靠梅岭南路，北抵枣阳路，全线于这条幽静的小路被包围在曹杨林荫道片区之内，与之横向交叉的枣阳路、花溪路、梅岭南路均为林荫道，绿荫环境可谓全市少有。

该区域所在的曹阳新村社区，静谧宜居。雨后，上街沿微凉。树叶和枝条像被洗过一般，路上的一切也都仿佛是新生的，绿荫间飘散着葱茏翠意。桐柏路两旁几乎全是静谧的居住区，与其说它是曹杨新村的一条社区支路，倒不如说它是沿线居住区组团共用的小区一级主干道，连通着社区半开放空间与城市道路空间，一头是喧嚣，一头是幽静。没有公交车辆的熙来攘往，闲庭信步间常伴着暖暖的邻里问候。

左页上：花溪路绿地秋景
左页下：花溪路绿荫浓浓
上：延川路的秋意

作家笔下的林荫道：林荫道的“纬度”

杨绣丽

从小区花园出来，沿着富平路往东，到真华路右转往南，一直走到铁路隧道口那儿，再折转回来，这就是我日常散步的林荫道。对于我来说，这条林荫道似乎别有一些深意，我太多的沉思默想和它置身于同一纬度之上，粗砺而柔和地精确。

散步的起点应该从花园算起吧，一条富平路把花园分成两半，就像赤道线把地球分成南北两半一样，站在花园北部高耸的平台上，整个小区的建筑和花木高贵而矜持地围绕过来，其中我认识一些杉树、香樟树和棕榈树，也认识成片的太阳花，如同自然大气般循环。花园南部入口处竖有《万里城赋》碑，为上海作协副主席赵丽宏老师所作，与之相对的则是“暨南大学旧址”碑刻，隐于树荫之下，几乎不为人所关注。富平路上的香樟树已形成巨伞般的冠盖，终年投下一道道绿荫，大约也是一种名副其实的富足和平静。

到真华路右转时，杨树出现了，围绕着另一座小区和进华中学的围墙，有十几棵合抱一般粗的杨树，有时你走着走着，只觉得世界一片沉寂，突然就想抱抱这些参天乔木，但真的合抱不过来。太多合抱不住的东西，独自存在，独自运转，独自悲喜，似乎与我们无关，又似乎与我们紧密相联，可是我们却并不懂得它们的意思，各有各的孤独……

从富平路口到隧道口那儿，大约100米的距离吧。只见人行道上的林荫，自行车道上的林荫，以及机动车道上的林荫，一层层扩散开去，重叠成一道道绿色的皮肤，吸引着清风和禽鸟发出歌唱。人行道上，高大的杨树沿围墙一侧站立，而低矮一些的香樟树站立于自行车道一侧，如同绿色迎接的拱门。若是抬起头来，你会发现树木的秘密和灵性——那排香樟树一直向上生长，在快要触碰到杨树枝叶的高度时，它们的树枝开始向着宽阔的外侧伸展出去，呈现出一种扭曲但是有力的生存韵律——而进华中学的红色砖房，操场上的绿色草坪，则是一首关于颜色的青春诗章。从进华中学再过去，是一所幼儿园，栅栏上贴满了动物造型，然后就是隧道口了，有时在夜里，隧道深处断断续续传来管风琴声，像鲸鱼出没的海底迷宫，我看见台阶一直向下延伸，但我从未涉足过那里，像是有所敬畏一般，直接就折返回来了。

漫步于这条林荫道上，有时我会想念我的家乡崇明——那一片岛屿，海水和沙滩积聚的语言，几乎是久已沉寂的时间，久已习惯的耐性。而遍布岛上的林荫道，从时间里站起，站在乡愁和诗意的“纬度”上，世上所有的林荫道似乎都有这样的位置。

多年前我去过新疆，见过莽莽苍苍的天山山脉雪白如玉的身躯，见过昆仑雪山千万年滋养形成的飘香绿洲，雄浑而震撼。当我们进入泽普县城，眼前豁然出现一条法桐大道，这些巨大的法桐树在心中布满欢喜与感叹。据说泽普县有很多古老的法桐树，可是没有实实在在的经济产出，并不受当地农民的喜欢，为了给经济林木让出位置，泽普各地的法桐树都被移植到了县城，更显出“法桐天堂”的壮观来……清风吹拂下的法桐，枝叶苍劲挥舞，恍惚迷蒙成一张无边的油画，一种无用之美，弥漫于天地，刹那间，我的视线似乎从那油画的框架又转到了郁郁葱葱的家乡身上……

在我看来，对林荫道的需要和亲近，是对遥远自然的远足，是对现世安稳的渴望，也是对灵魂安宁的追寻。我喜欢我们上海这座城市中心的衡山路，它的干净和幽静，两侧的法国梧桐成荫，挡住了太过炫目的阳光；我也喜欢边远的闵行区的江川路，那里被冠名为“中华香樟一条街”，我看到那绵延数千米的樟林带构筑成的“绿色长廊”，让人震撼……上海有太多有特色的林荫之道，那些片片绿色的枝叶，那带有树叶纹理的光线，伴着轻柔的风，变幻出斑斓的色块，它们都会让我们对这座城市心生欢喜。

左页：林荫道绿意
上：秋意浓

我们都喜欢城市有着永远延续的青葱、永不缺失的存在、永远舒缓的质地，这些似乎都密布在林荫道的地图上。但是我们生活的周遭，太多的树木已被砍伐，真华路上的这些高大杨树或者是由于靠近铁路、靠近隧道、又围绕着一所校园的缘故，因此才获得了它们悠久的绿色空间。它们的高大和坚韧，有赖于远离，有赖于自处之心，从日渐浑浊的空中和大地上持续获得光和水。沿着这条林荫道走一个来回，大约3000步，我手机下载的散步软件告诉我说这个距离相当于绕着故宫走了五分之三圈。一个事物存在久了，就成了衡量另一事物的尺度。我希望世上所有的林荫道都有这样一个长存的“纬度”，让我们时常走入它们安静的衡量之中！

昌平路

一年四季栾树风：昌平路主要树种为栾树（*Koelreuteria bipinnata*）。栾树树形端正，枝叶茂密而秀丽，春季嫩叶多为红叶，夏季黄花满树，入秋叶色变黄，果实紫红，形似灯笼，十分美丽。林荫道起于江宁路，止于武宁南路，全长1730米，创建于2011年。

道路景观空间宜人：沿线以居住区为主，设计上局部打开道路空间设置供居民和游人休闲、游憩的街旁绿地，内部植物品种多样、落叶与常绿树种比例合理，使得行道树与绿地内中下层植物形成层次丰富、四季皆有景可观的游憩型林荫道。

左页：阳光绿荫
左：昌平路
右：秋色效果

永和路

永和路（共和新路—灵石路段）位于闸北区中部，建于1991年，道路全长600米，路宽12米，是双向两车道，位于闸北区大宁片区。

永和路沿线种有行道树143株，树种为悬铃木，俗称梧桐树。树木高度平均约20米，胸径平均约25厘米，树冠冠幅平均约10米，人行道和车行道的绿化覆盖率分别达到90%和65%左右，树荫浓密。道路两侧环境较为幽静，非高峰时间段车流量也较少，较好地为周边市民提供了一个良好的生态环境。

永和路在1991年建造时，区绿化部门特地到苗圃中去选择苗木，在规格、分支点等细节上都严格把关，所以现在的永和路树木规格、分支点相对统一，整体景观效果较好。2010年上海世博会期间，闸北区绿化管理部门对永和路周边进行了绿化整治，并开展了液压施肥等工作，树木长势日渐茂盛，树姿挺拔。2012年永和路被评为“上海市林荫道”。

右：永和路初夏
右页：秋日斑斓

苏家屯路

上：人在林中晨练，晨光点点
下：秋景
右页：绿荫浓浓

苏家屯路位于杨浦区西北部，隶属四平街道。道路南起锦西路，北至阜新路，中段与抚顺路垂直相接，建于1950年代，整条道路全长374米，车道宽约5.8米，两侧各设2.5米的步行道和4～4.5米的休憩绿化带，周边环绕着鞍山四村第一、二、三公房小区。

绿树成荫、绿地四季更迭：种有行道树80株，株距6～6.5米，树木平均高度约20米，胸径平均约35厘米，树冠冠幅平均约15米。人行道和车行道的绿化覆盖率均达95%以上，树荫浓密。

近年来，区绿化管理部门采取扩大树冠、增加绿量等措施，保持整条道路行道树的树形完整和统一，逐步提升了行道树整体面貌，2012年被评定为“上海市林荫道”。

绿化改建：2004年对道路进行了绿化改建提升,为满足周边居民锻炼、休闲、游憩等需求，东侧绿地对原有花架、亭子、坐凳、花坛、道路、地坪等进行了扩建、翻修；西侧绿地利用原先废弃设施设计成一座欧式钟楼，并将矗立于绿地中的地下通气口等进行外立面处理，用原木色防腐木条装饰，与钟楼的风格互相协调。地坪铺装采用了最新的透水混凝土彩色地坪，不仅保护和改善了树木的透气性，而且给人以新的视觉感受，更增添了苏家屯路秀雅、清新的气质。

绿地植物配置以纯自然植物为主。在道路进出口显要区域布置了以宿根花卉为主的花境，同时增加了红叶李、红枫、美人蕉、花叶蔓长春、银边黄杨等植物，通过这些季相变化明显的植物使绿地重新焕发活力。2005年苏家屯路被评为“上海市十大景观道路”之一。

经过60年的不断提升、发展，苏家屯路上的行道树悬铃木和生态绿地景观交相辉映，整条道路绿意浓浓，观花植物交替开放，人工美和自然美的有机结合，吸引了不少居民徜徉其中。

苏家屯路林荫社区

江川路光影风情

江川路

原名一号路，1958年老闵行建设时，依附汽轮机厂、重型机器厂等建造了东风新村、汽轮新村等居住小区，同时开辟了一号路，沿街栽种了香樟树。江川路种植香樟树和取消“架空线”的建议，是刘少奇在1960年提出的。刘少奇评价当年的一号路是“闵行的南京路”，也是一条“社会主义的商业大街”。香樟行道树有50多年的历史，树冠高度达“六层楼”，站在路口便能望见绵延数千米的香樟林带构筑成的一条“绿色长廊”。

江川美誉：江川路位于闵行区南部，素有“中华香樟一条街”的美誉。道路周边是繁华的商业店铺和大量的居民小区。林荫道东起沪闵路，西至红园路，道路宽约30米，全长约750米。2011年，江川路入选首批被命名为“上海市林荫道”称号的道路。

袖珍公园“红园”：沿着“中华香樟一条街”走到红园路路口，还会发现一座叫作“红园”的袖珍公园藏在角落里，从圆拱形的门口一眼望去便能看到园内修剪齐整的各式盆栽。前去一探，众多色叶树种如红叶李、青枫、红枫、三角枫等依山傍水地矗立着，颇有威严感。树旁小木桥下的水面自然曲折，有兴致的人们在湖面上行船荡浆，如果想找个地方和亲朋好友谈心叙旧，那么登上园内山腰处的小枫亭，在这里敞开心扉便是再好不过的。

北江燕路

北江燕路位于闵行区东南部的浦江镇世博家园，南临友谊河，是申城上榜的两条金丝柳（*Salix X aureo-pendula*）林荫道之一。林荫道东起浦锦路，西至浦鸥路，全长约1000米，路面宽度为7米，两边的人行道宽近5米，共种植了263株金丝柳，这些金丝柳树冠整齐统一，平均胸径约20厘米。北江燕路树荫浓密，道路沿线人行道铺装完整，人行道、非机动车道绿荫覆盖率均90%以上，机动车道绿荫覆盖率也在70%以上。

北江燕路一边是宽阔干净的友谊河和居民小区，另一边是枝繁叶茂的绿地，行走在江燕路上无疑是一种享受，映入眼帘的是整片整片的绿色。北江燕路靠近浦锦路是一片街心绿地，长达百米的紫藤长廊弯成一个恰到好处的弧度。每每紫藤花开，淡淡的花穗摇曳着清香，摇曳着枝条，摇曳着清晨的阳光，斑斑点点地洒在整个空气里，开得密不透风的紫花之间，绿叶依稀，鲜嫩明艳，这原本只是衬托鲜花娇媚的叶片，却给紫藤花们添了风情，宛如一个个紫衣绿裙的女子，低眉回首间羞怯可人。

“杨柳青青着地重，杨花漫漫搅天飞，柳条折尽花飞尽，借问行人归不归。”一首《送别》，写尽古人分离时的依依不舍，也写出柳树含情脉脉、柳叶旖旎的风姿。如今北江燕路已成为冬秋观枝、春夏观“姿”的一道靓丽的风景线。

右页上左：绿荫鹅黄
右页上右：天际一线
右页下左：秋色风雅
右页下右：秋色醉雾

思贤路

新城区的绿色长廊：思贤路位于松江新城核心区域，全长2200米，成为了新城区内一条靓丽的绿色长廊。思贤路沿线品种主要以中山杉、朴树、香樟为主，机动车道绿荫覆盖率达60%以上，人行道及非机动车道的绿荫覆盖率更是达到了95%以上。2013—2014年，思贤路（谷阳北路—江学路）成为“上海市林荫道”。

浓郁的欧式气息：思贤路两旁为2000年后新建的高档住宅小区，整体打造欧式风貌，与北侧的泰晤士英式风貌区、中央公园、思贤公园等交相辉映，呈现一片浓郁的欧陆风情。思贤路由西向东，一路上充满了浓郁的欧式气息。原野花园、润峰苑、海德名苑等欧式别墅区，为整条道路的欧式风格打下了扎实的基础。

英格兰休闲广场：沿着道路往东，在沈泾塘桥上向北眺望，可以看到从英格兰休闲广场一直延伸到远处的泰晤士小镇，一整片绿草茵茵的英式风貌区，无一不为思贤路增添着异国文化气息，也向来自全市乃至全国的游人们提供了一道视觉饕餮大餐，让整条思贤路充满了生活气息。

思贤公园：思贤路的东侧，松江区最具异国风情的公园——占地10万平方米的思贤公园连接。思贤公园是以“绿”、“清”、“活”为三大主题的欧式公园，园内环廊尖塔、瀑布跌水、亲水平台、水中睡莲等景观形成景中之景，游人徜徉其间，美不胜收。思贤公园也是新城区居民最为集中的休闲活动中心之一，它与东侧6万平方米的市民广场和北侧占地66万平方米的生态“绿肺”——中央公园相连接，一起为市民交流、休憩、娱乐、文化、健身提供优质的场地。

2013—2014年，思贤路（谷阳北路—江学路段）成为“上海市林荫道”，全长2200米，成为了新城区内一条靓丽的绿色长廊。思贤路沿线品种主要以中山杉（*Taxodium hybrid ‘zhongshanshan’*）、朴树（*Celtis tetrandra*）、香樟为

主，机动车道绿荫覆盖率达60%以上，人行道及非机动车道的绿荫覆盖率更是达到了95%以上。为了更好地发挥林荫道的作用，绿化管理部门对思贤路的行道树落实了更全面更科学的保护。多年来，在修剪剥芽、施肥、病虫害防治、树穴盖板维护、隔离带花灌木与草花调整方面开展技术提升工作，树木长势日趋良好，景观宜人。

左页：中山杉、朴树、银杏、香樟
上：丹碧华彩

团结路

团结路位于宝山区东城区北部，南起友谊路，北至漠河路，始建于1978年，为宝钢配套住宅道路，由宝钢筹备组建设。道路全长636米，路宽22米，两侧人行道宽度达4.5米。目前，道路沿线共有行道树164株，树种为悬铃木，又名梧桐树。树木高度平均约25米，胸径平均约35厘米，树冠冠幅平均约15米，人行道和车行道的绿化覆盖率高达98%，2011年入选首批“上海市林荫道”的道路。

两处开放式公共绿地：团结路是宝钢一村、宝钢四村、宝钢五村、宝钢七村、宝钢十一村等居住小区的重要出入口，整条道路为周边市民串联起友谊路团结路口西北角和漠河路团结路北侧的两处开放式公共绿地，两块绿地是周边市民休憩、娱乐、健身的主要场所，团结路因此成为百姓熟知的东城区优美的绿色廊道。

教育卫生单位的绿色守卫：道路两侧还分布着宝山医院、宝山中医结合医院、宝山教师进修学院、宝山团结路实验小学、宝山实验学校等多家教育卫生单位。道路两侧高大挺拔的梧桐树，在这里生长了近40年，历经风雨，却依然矗立在道路两旁，像学识渊博的长者，迎送着前来求知的学子。它们见证了宝山生态建设发展的40年，见证了宝山城市变迁的40年，也见证了宝山改革开放的40年。

团结路

金零路

原名经零路，金零路本是以经纬命名的道路之一。后来所有以经纬命名的道路都统一调整为以金或卫命名，充分融合了金山卫古城的厚重历史，经零路于是更名金零路。

金零路位于金山区城区西南部，东起卫零路，西至卫二路。该路始建于金山卫卫星城建设时期， 金零路全长580米，栽有行道树72株，树种为香樟。目前人行道及机动车道绿荫覆盖率均达100%。该路段行道树种植于1970年代末，香樟胸径基本

右：春色无限
右页：古色古香金零路

在40厘米以上，树木高度均在15米以上，冠大荫浓，是名符其实的“林荫大道”。

金零路由卫一路分为东、西两段，东段是居民、商业混合区域，西段则是生态防护林带。该防护林带东西宽264米，南北长2000米，是我国迄今为止规模最大的工业卫生防护林，系当年上海石化总厂“环保三同时”的重要建设内容之一，如今已成为生活区和产业区之间的生态屏障。

十年树木，百年树人。几十年的光阴，金零路上的树木早已枝繁叶茂，变成一条“绿色拱廊”。路人行于其间，宛若置身幽幽森林。

古华路

古华路位于奉贤区南桥镇，南起环城南路，北至解放中路，为一板两带结构。道路全长1300米，路宽15米。沿线种植行道树 312株，品种为香樟，树木高大茂盛，高度平均约15米，胸径平均约25厘米，冠幅平均为4米。

古华公园：古华路始建于1980年代，东西两侧有古华中学和古华小学，南北两侧点缀着古华公园和体育中心，为周边居民提供着休憩、娱乐、健身等场所，是镇区的主干道路。

古华路是2011年首批被命名为“上海市林荫道”的道路，人行道和车行道的绿化覆盖率达到100%，是一条名副其实的林荫道。夏季高温酷暑，它为接送孩子上学放学的爷爷奶奶遮挡烈日；冬季低温严寒，它为往来游人遮挡狂风。古华路旁坐落着一座古典园林之特色的古华公园，古朴典雅、历史文化的古华公园使古华路自有别样的情趣。静谧的古华路，最美丽的时光是傍晚。华灯初上，昏黄的路灯透过依稀的树叶间，投影在人行道上，星星点点，将整条路烘托出一种浪漫的格调。

左页左：古华公园
左页右：古华公园的盛夏
上：古华路绿树浓荫

清河路

清河路位于嘉定老城区，西起项泾桥与环城路相接，东与主干道博乐路相连，是嘉定城区主要的“二纵二横”中的一横。全长2450米，道路宽28米，车行道10.5米，是目前嘉定城区一条主要的商业街。

清河路建于1960年，沿线种植的行道树为香樟，两侧配有水杉。1987年扩建，增加了花坛和香樟的数量。行道树共268株，其中胸径30厘米以上有160余株，大部分树木高度达13米、树冠冠幅达12米，人行道和车行道的绿化覆盖率分别达到95%和90%左右，树木生长健康茂密。

两块一级养护绿地：道路沿线人行道大理石铺装完整靓丽，两侧石材贴面的花坛和沿线两块3000平方米以上的一级养护绿地（影剧院广场绿地、清河广场绿地）景观面貌良好，衬托出清河路优越的生态环境。

清河路在嘉定是一条历史文化资源比较丰富的道路，文化久远的“叶池”、伴随着几代人成长的嘉定影剧院、工人俱乐部、州桥老街、新华书店等都坐落于此。在州桥老街被踏得铿亮的“弹硌路”上玩闹，坐在自行车后座上感受“弹簧屁股”，亦或是于“叶池”地下室享受冰霜、冰激凌、酸奶……那纯真的味道是现代的任何产品也无法比拟的。吃个冷饮，待在电影院里看个电影，蹭个空调，都是几代人儿时的记忆。

经过半个多世纪的洗礼，清河路上的行道树已绿荫成林，是便于市民避暑、购物、休闲的一条街。经过几年的精心养护管理，清河路于2011年入选首批成功创建的林荫道，它也是嘉定最早的一条景观道路。

左页：清河路的大树和阳光
上：清河路上的浪漫时光

珠溪路

珠溪路位于青浦区朱家角古镇西侧，南起沪青平公路，北至淀山湖大道，建成于2005年，将朱家角老镇区与新镇区自然分隔。整条道路全长约3000米，红线宽度随地形景观变化而变化，从最窄的38米到最宽的80多米不等，为双向四车道。

宽度200米的景观绿化带：珠溪路行道树品种为香樟，由人行道、机非隔离带、中央绿带6排行道树组成，形成了浓密的绿荫，绿化覆盖率接近100%。宽阔的中央绿带依托高大的行道树，加之大色块的配置，给人以视觉上的强烈冲击。依据道路规划，珠溪路沿线布置了总宽度约200米的景观绿化带，绿地总面积24.55万平方米，刚建成时被誉为“申城第一公园之路”。

蜿蜒起伏、步移景异：根据当地的地理环境、交通环境、水陆变化，运用园林设计手法，将流水、异石、小径、园林小品及植物配置等多种景观元素进行搭配造景，并借鉴江南丘陵地形的处理手法，达到沿路蜿蜒起伏、步移景异的效果。绿化植

物设计中选用了乡土植物，如香樟、榉树、银杏、樱花、柳树、女贞、广玉兰等200多种，并以常绿植物为主、色叶植物为辅，使人在珠溪路行走时既能享受到浓浓的绿意，又能透过林木空间将古镇风貌尽收眼底。每条园路的铺装纹理、材质均有不同，有的是压模仿石、有的鹅卵石参杂其中，与周围植物的搭配相得益彰。人行道和非机动车道采用青灰色的压模仿石，与整个古镇的色系相协调，显得古朴、宁静。

园林艺术与建筑艺术的有机结合形成了“人在景中行，车在林中过”的如画景色，植物的自然生长与精心维护，使景致更加浓郁。2011年，珠溪路（淀山湖大道—张家圩路段）被评为上海市首批成功创建的林荫道之一。

左页：层林分染
上：蓝天绿荫，清澈无限

宏海公路

上：星村公路的绿荫
右页：宏海公路，乡村风情

原名陈海公路，新中国成立前能通车的路段只有陈家镇至庙镇。宏海公路是24000米的崇西公路中的一段，于1929年建造，多为土路。

宏海公路（陈海公路—鹗鸪港北桥段）路长500米，路宽7米，沿线种植行道树510株，品种为水杉，树木胸径20～35厘米，绿化覆盖率达80%

碎石路面的优雅林荫道：1954年县人民政府组织人力、物力、财力改建拓宽陈海公路，建筑成碎石路面。宏海公路是进入庙镇所在地的重要路段，行道树种植于1970年代，近年来崇明绿化部门为恢复树木的生长势，把养护的重点放在了控制病虫害上。经过几年来的努力，树木绿化的覆盖率达到80%以上，树木生长良好。2014年，宏海公路被命名为“上海市林荫道”。

同区域的星村公路位于崇明区西北部，原名红星公路，最初修建于1967年，后于1981年改建。全长约500米，路宽10米。沿线的166株香樟，基本上都是胸径25～45厘米的大树。由于种植年限较早，近年来区绿化部门更新了树穴盖板，重新修筑了人行道，还将创建的重点放在了控制病虫害、深耕施肥以及恢复香樟的长势上，树木生长良好，已形成树荫覆盖的人行道和机动车道95%以上。经过前人栽树后人乘凉的艰苦历程，星村公路上的香樟树为新海镇居民以及经过此地的人们奉献了片片绿荫。2013年，星村公路被命名为“上海市林荫道”。

绿化理念创新实践

林荫道思想起源

上：兰布拉斯林荫道
中、下：香榭丽舍梧桐大道

散步道：1625年，英国，伦敦市的莫尔菲尔斯地区，依城墙种上了4～6排法桐，这里既是车道，也是散步道。这条道路，开辟了都市散步道栽植的新概念，即所谓的林荫步道（The Mall）。

绿色走廊：过了将近300年，1917年，在苏联，开始将行道树、林荫道与防护林带联系起来做成“绿色走廊”，并建起了街头游园、绿化广场，城市绿化概念有了大发展。

园林大道：19世纪中叶，A. J. Dawning设计了一条具有四排美国榆树（*Ulmus pumila*）的园林大道，即美国华盛顿市林荫步道。城市绿化开始走上注重保护、利用和加强既有的景观风格和环境气氛的道路。

巴塞罗那经验：西方国家林荫道的建设比较注重生态效应、城市景观和游憩功能等相结合。如巴塞罗那最著名的“兰布拉斯林荫道”，经过1980年代的改造，通过缩减机动车道、恢复历史广场、道路无障碍设计、沿街建筑立面整治等一系列工程，形成了独具特色的城市街道空间建设与发展模式。这就是被世界上其他国家广泛认可的“巴塞罗那经验”。

世界闻名的林荫道：如柏林的菩提树大街、巴黎凯旋门前的林荫道、法国香榭丽舍梧桐大道、西班牙兰布拉斯林荫道等。

以落叶树种为主：在树种筛选方面，美国阿诺德树木园提出的126种行道树中，只有17种是常绿树，而这17种又被指明为只用在屏蔽某些沿街不美观部分；英国休德尔推荐的18种优良行道树，全部是落叶树；日本东京由政府公布的13种优良行道树中，只有黑松（*Pinus thunbergii*）一种是常绿树。国外的行道树在苗圃阶段，就重视成品苗的培育和抚育研究，行道树养护技术管理体系也相对完整。

左：德国波恩樱花隧道
中：日本明治神宫的银杏树隧道
右上：紫藤隧道
右下：新加坡东海岸公园

“并木道”及“公园联接道”：欧美的“林荫大道”多注重车行和人行的舒适体验，符合欧美国家的现状道路特征。日本“并木道”及新加坡的“公园联接道”则更注重植物景观的营造及林荫游憩空间的形成，也是由城市绿地面积较少及道路步行者较多的现状所决定。我国城市道路林荫道的概念，更偏重于“并木道”及“公园联接道”的概念：林荫道一般理解为城市道路两侧由乔木形成高覆盖度的林荫空间的带状城市绿地。

我国改革开放以来，对城市道路的建设不仅注重其绿化效果，更将其发展成为绿化、生态、景观、游憩等多要素、多类型、多功能的综合性城市空间，其中北京的王府井大街、杨林大道，上海的肇嘉浜路、衡山路，青岛的滨海景观大道，深圳的深南大道，珠海的情侣路等均可作为城市道路甚至是城市林荫道的典范。

上海第一条林荫道：肇嘉浜路，建成于1956年。通过园林人的努力，成功实现了从臭水浜到林荫道的华丽蜕变。1998年肇嘉浜路因道路拓宽又进行了更加完善的道路绿化改造，如今肇嘉浜路就像一道亮丽的彩色丝带屹立在闹市之中。

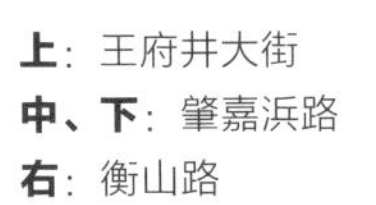

上：王府井大街
中、下：肇嘉浜路
右：衡山路

上海针对城市发展人多地少的情况，为进一步提升城市绿化生态效益和服务于民生，2011年起，系统推进林荫道建设工作，并将此纳入了上海市“十二五”、“十三五”规划。在城市绿地系统中，林荫道可把块状绿地、点状绿地联系起来，是城市的绿色走廊，连接各种城市空间。

上海林荫道建设特征：根据上海城市道路特点与上海林荫道建设特征，上海林荫道可以分为以下几类：一是以两侧行道树为主形成的林荫道，如衡山路、瑞金二路等；二是除了道路两侧种植行道树外，具有道路分隔带并种植成排乔木的，形成较好景观和林荫效果的，如明月路、世纪大道、思贤路等；三是道路两侧行道树直接种植在自然土壤中，以郊区为主，如宏海公路等。

风貌保护林荫道和园林景观林荫道：很难想象，没有林荫景观特征的风貌道路和区域是多么的乏味。上海风貌保护区林荫道的行道树大多具有几十年甚至上百年的种

植历史，并与周边建筑与环境浑然一体，成为城市历史风貌保护区的重要组成要素，具有老上海浓郁风情和园林景观特征，如衡山路、武康路和新华路等；而上海的园林景观林荫道主要泛指除风貌保护特征以外的林荫道，如花溪路、南京西路和世纪大道等。无论何种风格的林荫道，其主体骨架都是行道树，而正是上海独具匠心的行道树养护技术体系支撑起了上海独具风格的行道树风貌，由此形成的林荫道成为了上海城市中一道十分靓丽的风景线。

上左：衡山路
上中：瑞金二路
上右：明月路
下左：世纪大道
下中：思贤路
下右：宏海公路

行道树管理实践

上海行道树始栽于清同治四年（1865年），公共租界工部局购买树苗，于扬子路（今中山东一路）沿江边种植。至光绪三十四年（1908年），上海地方政府才开始在直辖区（俗称华界）内32条马路上共种植行道树1.72万株。一些道路也成为今天的林荫道，如著名的衡山路。

从20多外株到102万株：上海的行道树种植与养护管理持续受到历届政府高度重视和市民的广泛关注。从1990年代末上海绿化大发展以来，随着“新优植物品种”引进、“春景秋色”和“优美景观道路”示范工程建设的推进，一大批景观道路相继建成，行道树数量从1990年代初的20多万株增加到了2015年底的102万株，连线成网的行道树成为上海城市生态廊道建设的重要组成部分。

“十二五”期间林荫道的建设，进一步提升了行道树遮荫、游憩和美化环境的功能，改善了城市的生态环境，更丰富了城市的文化内涵。“整齐而又英姿飒爽”的行道树整体风格与形象，以及“百花争艳”和“秋色渐欲迷人眼，层林尽染竞妖娆”的醉美春景秋色的景象，成为上海城市一道独特而又靓丽的风景线。

上：富都路
下：浦东区世纪大道
右页上左：瑞金二路
右页上右：新华路秋景
右页下：黄浦区南浦大桥

金零路的秋天

树木的功能价值

行道树调节小气候：行道树美化环境、陶冶情操、提升城市形象，是城市风貌保护区的重要组成部分。行道树可以调节小气候、清新空气、保护道路等，能有效提高城市居民的宜居感受和生活质量。行道树降温主要通过遮荫和蒸腾作用来完成。行道树庞大而起伏的树冠阻挡了太阳幅射带来的光和热，大约 20%～25% 的热量被反射回空中，35%的热量被树冠吸收。据测定，在干燥季节里，每平方米面积的树叶每天能向天空放散出约6000克水，增加本地区湿度。

清新空气：一亩树林，过滤叶面有75亩的面积，在距离树高30倍远的地方，可使飘尘减少30%。树叶可以分泌杀菌素、滞尘、减弱风速，都能直接或间接地净化空气。另外，行道树还能吸收有害气体、重金属离子。如梧桐、刺槐（*Robinia pseudoacacia*）、女贞等行道树抗氟、吸氟能力较强，城市环境在绿地各类植物综合作用下，就能有效吸收空气中各种有害气体。

上：恒丰路
下：南京西路

生境：行道树所处的环境

“每天，每天，我都看见他们，他们是已经生了根的——在一片不适于生根的土地上。”——张晓风《行道树》

生物所生活的空间和其中全部生态因子的总和，叫生境。行道树生长的环境条件，与城市街道的特殊环境，如建筑物、管线、交通等不无关系。行道树生长的环境条件是一个复杂的综合整体，这些关系可以用如下示意图表示。

一、不同的道路、不同的生境

· 市区与郊区　二者之间的差异主要在于大气环境、道路结构和排水系统。比

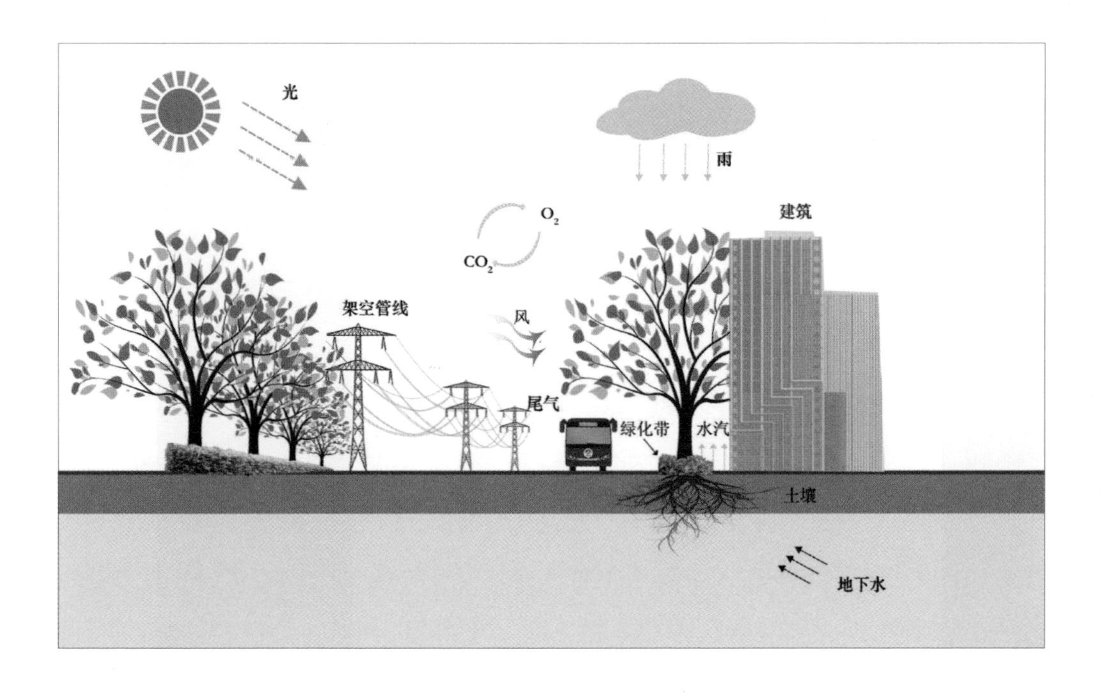

左：生长环境示意图
右：郊区前竖公路

左：地上生长空间受限
中：地上生长空间充分
右：色叶效果明显

上：架空线穿膛过
下：交通标志与树相协调

如，郊区道路大部分为明沟，路肩为自然土壤，因此道路消纳雨水的能力较强；而市区道路以铺装的人行道为主，硬化程度高。

·沿街建筑 沿街建筑低矮或人行道宽度大，有利于树木开枝展叶，体现优美的形态。但城市中建筑往往离道路很近，或沿街建筑高大，其表面材料具有不同的吸热能力，或沿街市民不同的生活习惯，都会对行道树的生长带来不同程度的影响。

·道路走向 不同的道路走向形成不同的行道树生境。假若其他条件一致，则主要差异在于光照、通风和温度。

·道路断面板式 行道树种植设计，道路断面板式一般包括单幅路、两幅路、三幅路和四幅路。单幅路是中间走机动车，旁边走非机动车，树木种在人行道上；两幅路则是双向分车行驶；三幅路是明确分出非机动车道；四幅路是既双向分车行驶又分出非机动车道。不同的道路断面板式可以形成不同的道路绿化风格和效果。

二、树木与公用设施关系的协调

行道树一方面受地下市政管线的影响，树穴下方经常会有管线，影响树木根系的扩展空间，从而影响树木生长。另一方面行道树上方和侧面有很多架空线、交通指示牌和路灯等设施，不得不通过“杯状型”修剪方式缓解这些空间的矛盾。走在林荫道上，经常可以看到数条管线从树冠中央穿过，甚至偶尔还会看到被平头截去的行道树。另外，道路交叉口还要充分考虑树木与交通标志的关系，需要妥善处理好道路行车安全与行道树美观的关系。

三、自然条件与土壤对树木生长的影响

行道树最需要什么？

・氧气、二氧化碳、光、水、养分以及恰当的温度 这六大要素是维持植物生长的基础。

・土壤 土壤是行道树生长的根本，树木的绝大多数问题都来自其所种植的土壤。上海行道树规程要求树穴面积为1.5米 × 1.25米 × 1米，而实际工作中很难达到标准。同时，行道树种植土的质地也较差，土壤的盐碱程度较高，这些都对行道树的树种选择和健康生长有所限制。

行道树最怕什么？

・生境不良 行道树地下根系生长常会受到管线、路面硬化和煤气泄漏等影响而影响树木长势，严重的会造成树木死亡。

・台风 每年夏天，上海地区都会受到台风的侵袭，一般从7月下旬至10月初。台风往往带来暴雨，降低了树根固定泥土的能力，造成行道树不同程度的倒伏，倒伏后的行道树部分造成死亡，部分造成树冠规格不一。

・病虫害 植物在生长过程中经常受到外界一些因素的影响，如干旱、空气污染、不当的肥水管理、修剪和病虫害等。病虫害对植物健康生长的影响常常较为明显。上海行道树常见树种为悬铃木和香樟等，近年来发生的悬铃木白粉病、悬铃木方翅网蝽和香樟煤污病等病虫害对树木生长和景观造成了一定影响，需要我们加以细致管理。

上、下：行道树受台风影响后倒伏

树种选择

我国的行道树栽植历史悠久，很早前就开始种植行道树，但是行道树生境复杂，因地制宜地选择行道树树种对于迅速发挥绿化景观效果、延长树木更新周期和节约树木养护成本等具有重要意义。

上海行道树树种筛选主要考虑适生性、抗逆性、观赏性和林荫效果等方面。上海栽植历史较长的树种有悬铃木、枫杨、重阳木、乌桕、杨树、柳树、皂荚等，但生长较好、寿命较长的为悬铃木、枫杨、银杏、香樟等。

目前，上海常见行道树树种为40余种，主要树种包括悬铃木、香樟、榉树、银杏、臭椿、青桐、黄山栾树等，其中悬铃木约占总量的30%，香樟占40%。上海行道树逐步从量的增长向质的提高阶段发展。（上海的主要行道树生物学特点及应用详见附录）

在上海，行道树应以落叶树为主，但由于历史原因，香樟占了相当大的比例。根据不同的道路景观要求和立地条件情况，树种的选择可以更加丰富和多样化，并兼顾树种形态与周边环境的相协调。

左、中：圆中路
右：华泾路

别具匠心的养护

上海地区夏季台风较多，行道树所处的环境条件较差，为此，上海形成了一套较为完善的行道树种植、养护技术和管理体系。

・种植技术　主要包括种植现场调研、种植方式确定、树种选择、种植设计和施工等。

・养护技术　包括土壤与水分管理、树木修剪与树洞修补、病虫害防治、防台与抢救、复壮以及倾斜扶正等。

・修剪技术　近年来，姿态优美的行道树修剪技术成为长三角地区兄弟城市相互学习交流的重要平台。修剪之所以关键，在于它不仅可以造就优美的树冠形态，形成高大的林荫空间，而且定期修剪可以促进不良立地条件下根系的生长，有利于根冠平衡。

悬铃木：在落叶后萌芽前的休眠期修剪，避开严寒期。

常绿树：在春季萌芽前或秋季新梢停止生长后修剪，避开严寒和高温天气。

伤流树木：在长势相对缓慢或休眠期进行，轻度修剪可因树而异，修剪应将病虫枝、伤残枝、干枯枝、内膛过密枝、衰老下垂枝及徒长枝去除，以达到完善树冠形态、平衡树势和促进生长的作用。

三股六叉十二枝：由于悬铃木萌蘖力较强，长期以来形成的“杯状型”修剪方式，造就了颇具上海特色的悬铃木景观整体特征。

・树洞修补　可以改善树体腐烂程度，在改善树木长势、提高树体景观面貌方面具有重要作用，也成为了行道树日常养护的技术之一。

・土壤管理和地下生境改善　这一直是技术难题和管理难点。近年来结合道路改造和施肥，提高透气性和增加养分是改善土壤的最主要内容。

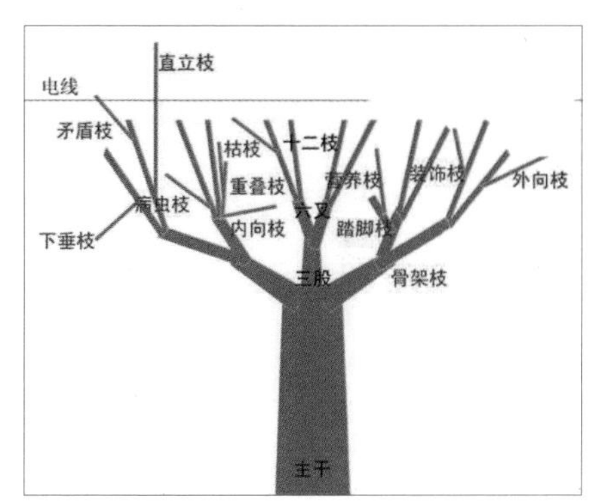

行道树树冠枝条示意图

链接：

“杯状型”因树冠内部中空，形似杯状而得名，通常具有类似“三股六叉十二枝”基本骨架的树形结构。

杯状型修剪手法能有效防御台风，解决树木与环境矛盾的同时发挥遮荫功能，是悬铃木最常用的造型修剪手法。

一级骨架培养应均匀留好树干顶部4～6根与主干成135°左右夹角的强壮枝条，最终保留3～4根一级主枝。

二级骨架培养应在一级骨架每根枝顶部各预留2～3根。

三级及以上骨架与二级骨架培养相同。（见上图）

树洞修补

· 行道树树穴盖板 有利于解决高密度人口城市的出行和城市景观的协调性和美观性，盖板应选用抗压环保、不易变形开裂的材料，铺设平整，外围与人行道板齐平并应紧密结合。

1 新型组合式盖板
2 铸铁盖板
3 复合材料盖板
4 弹硌石盖板
5 彩胶石盖板
6 树皮覆盖物
7 小青砖盖板
8 两孔砖盖板

“上树工”：城市可爱的园艺师

每年初夏5月至7月和冬天12月至翌年3月，在上海的街头，总能看到这样一群忙碌的身影，身着厚重的工装，头戴安全帽，捂着大口罩，一手扛梯，一手握锯，穿梭攀爬于路边的行道树间，如娴熟的理发师般，为行道树修剪、造型（即剥芽疏枝和修剪），经过他们剥芽、疏枝的行道树，绿荫疏密有致，树型规整、美观、富有生机，使整座城市看上去都那么的有精神!

上树工，是一支非常特殊的绿化作业人员队伍，他们既需要掌握扎实、丰富的行道树养护技术，又需要能够适应高强度且艰苦条件下的野外高空作业环境。他们不仅是城市的园艺师，更是上海林荫道事业发展中的中坚力量。

一天，一个人、一套装备、一架扶梯、三十棵树，十多里路。上树工们没有过多的言语，要有，也是很简短很质朴的：“认真地做好自己的本分工作，我没有别的东西奉献，唯有为绿化付出辛劳和汗水。”

上树工的一天

上海林荫道发展与展望

现状成效

生态环境建设的重要抓手：林荫道建设2013年起连续三年被纳入市政府重点工作。“十二五”以来，在规划、技术、管理等方面都取得了一定的成效。编制了《上海市林荫道三年实施计划（2013—2015年）》、《上海林荫道建设导则》和《林荫道设计技术规程》，从源头上为道路绿化成荫奠定技术基础。

在行道树修剪技术上实现逐步转型，更加体现“规范化、减量化、资源化、精细化”特征，逐步形成了悬铃木修剪技术分类分级管理体系。并在现状调研的基础上，开展了市科委立项的《城市林荫道关键技术集成研究与示范》（科技攻关）课题研究，为本市持续推进林荫道建设提供了良好的技术支撑。

实现3个“100”工作目标：截至2015年底，林荫道创建命名153条，改建提升164条，新建储备113条，全面完成了“十二五”期间3个“100”的工作目标。

在区域系统推进上成效显著：一是形成了多个林荫道片区格局，如徐汇区的衡山路林荫片区，黄浦区的瑞金二路林荫片区，普陀区的曹杨林荫片区；二是从道路规

划设计源头上重视林荫道建设，如奉贤区绿化管理部门制定了本区的林荫道发展实施规划，宝山区绿化管理部门提出并落实了打造百条区级林荫道的计划，浦东新区制定了本区的林荫道“十三五”发展规划，等等；三是行道树养护作业精细化水平明显提高，林荫道养护管理技术体系逐渐成型，如普陀区、金山区的行道树修剪技术和徐汇区、虹口区的树洞修补技术等。

未来展望

党的十八大提出了“生态文明”建设的要求，以生态园林宜居城市为代表的社会发展越来越成为市民向往的生活，而林荫道建设恰恰能够连接历史与现实、连接人与自然。探索实践林荫道建设更可以满足都市人群日益增长的精神需求和幸福感。回顾“十二五”，展望“十三五”，林荫道建设工作仍将是绿化人持之以恒努力的工作目标。未来将把握以下几个方面：

（1）做“有意思”的城市道路——把握好“城市更新”与林荫道发展的关系

林荫特色的城市街道空间，林荫道不仅需要以乔木为骨架的植物，需要小绿地或小公园，更需要沿街建筑立面的整治以及环境要素的统筹，从整体上提升区域街道景观，形成具有林荫特色的城市街道空间。

如现今兰布拉斯林荫道的繁华主要得益于1980年代开始的城市改造计划，通过缩减机动车道、恢复历史广场、道路无障碍设计、沿街建筑立面整治等一系列工程的实施，形成了独具特色的城市街道空间建设与发展模式。随处可见的小公园、小广场

等高品质的场所，为巴塞罗那市民创造了大量自由、亲切的活动空间，进而彻底改善了城市面貌，有效提高了市民生活品质，为世界各国城市步行空间的建设提供了宝贵的经验与借鉴。上海市昌平路两侧多排栾树的种植与休闲空间的打造，是提高绿化林荫率、覆盖率与满足林荫街道休闲空间的探索与实践，值得借鉴。上海正在进行的“城市更新计划”和街区发展规划，为林荫道建设带来了前所未有的发展机遇。

正如建筑师雅各斯布所说：“如果一个城市的街道看上去有意思，那这个城市也会显得很有意思，如果一个城市的街道看上去很单调乏味，那么这个城市也会非常乏味单调。”由此可见，探索林荫道建设新模式对提升上海城市形象具有至关重要的作用。

（2）优化道路断面设计——把握好设计与林荫道综合效益的关系

在道路断面设计上，尽可能优化道路断面设计模式，尽可能设计道路分隔带宽度大于1.5米，可用于种植乔木；或将道路绿化种植空间进行整合，道路两侧预留空间建设道路绿化。适当扩大树穴空间和使用人行道透水铺装，为树木生长提供较好的根部生长环境。

（3）注重管理常态长效——把握好精细管理和精湛技术

秉承和发扬上海行道树科学化、精细化、专业化的养护管理模式，强化专业队伍的培养和技术的提升，使行道树技术管理常态长效。在遵循上海行道树树种筛选适

地适树的前提下，丰富景观道路树种品种，近几年种植的无患子、实生银杏、栾树都是比较好的树种。进一步推进行道树木分类分级修剪方法，研究悬铃木高林荫化和少果修剪技术。因地制宜，不断改善行道树生长环境，增强透气性和提高土壤肥力，不断提高树木长势。探索绿化机械化管理机制，加强行道树机械化作业装备和示范点建设。

行道树机械化修剪

附录

2011—2015年上海市林荫道名录

区县	序号	道路	树种	路段		年份
黄浦区	1	淮海中路	悬铃木	西藏南路	陕西南路	2011
	2	瑞金二路	悬铃木	徐家汇路	淮海中路	2011
	3	永嘉路	悬铃木	瑞金二路	陕西南路	2012
	4	建国西路	悬铃木	瑞金二路	陕西南路	2012
	5	建国中路	悬铃木	瑞金二路	重庆南路	2012
	6	思南路	悬铃木	南昌路	建国中路	2012
	7	复兴中路	悬铃木	瑞金二路	陕西南路	2012
	8	茂名南路	悬铃木	复兴中路	淮海中路	2012
	9	绍兴路	悬铃木	陕西南路	瑞金二路	2012
	10	陕西南路	悬铃木	延安中路	肇家浜路	2013
	11	南昌路	悬铃木	陕西南路	重庆南路	2013
	12	兴业路	悬铃木	黄陂南路	重庆南路	2013
	13	马当路	悬铃木	淮海中路	复兴中路	2013
	14	长乐路	悬铃木	瑞金一路	重庆中路	2013
	15	富润路	栾树	龙华东路	江滨路	2015
静安区	16	昌平路	栾树	江宁路	武宁南路	2011
	17	胶州路	悬铃木	北京西路	昌平路	2012
	18	康定路	悬铃木	延平路	西康路	2012
	19	富民路	悬铃木	巨鹿路	长乐路	2012
	20	巨鹿路	悬铃木	常熟路	陕西南路	2013
	21	南京西路	悬铃木	延安西路	成都北路	2014

	22	华山路	悬铃木	常熟路　长乐路	2015
徐汇区	23	衡山路	悬铃木	桃江路　天平路	2011
	24	余庆路	悬铃木	衡山路　淮海中路	2011
	25	宛平路	悬铃木	淮海中路　肇嘉浜路	2012
	26	复兴西路	悬铃木	淮海中路　华山路	2012
	27	永福路	悬铃木	湖南路　五原路	2012
	28	岳阳路	悬铃木	肇嘉浜路　汾阳路	2012
	29	桂果路	香樟	全州路　钦州北路	2013
	30	东泉路	栾树	石龙路　罗城路	2013
	31	高安路	悬铃木	肇嘉浜路　淮海中路	2013
	32	武康路	悬铃木	淮海中路　安福路	2014
	33	长桥路	悬铃木	罗秀路　上中路	2014
	34	龙临路	悬铃木	上中路　淀浦河	2015
	35	桂平路	香樟	钦州北路　漕宝路	2015
普陀区	36	枣阳路	悬铃木	兰溪路　金沙江路	2011
	37	花溪路	悬铃木	桐柏路　枫桥路	2011
	38	交通路	悬铃木	岚皋路　真华路	2012
	39	志丹路	悬铃木	新村路　沪太路	2012
	40	桐柏路	悬铃木	枣阳路　梅岭南路	2012
	41	杏山路	悬铃木	梅岭南路　梅川路	2012
	42	金沙江路	悬铃木	中山北路　大渡河路	2012
	43	兰溪路	悬铃木	曹杨路　武宁路	2012
	44	梅岭南路	悬铃木	杨柳青路　兰溪路	2012
	45	梅岭北路	悬铃木	杨柳青路　兰溪路	2012
	46	延川路	珊瑚朴	万镇路　祁连山南路	2013
	47	延长西路	悬铃木	双山路　沪太路	2013
	48	江宁路	悬铃木	安远路　澳门路	2013
	49	石泉路	悬铃木	光新路　岚皋路	2014

	50	怒江北路	悬铃木	大渡河路　丹巴路	2014
	51	普雄路	悬铃木	曹杨路　武宁路	2015
	52	棠浦路	悬铃木	兰溪路　梅岭北路	2015
长宁区	53	新华路	悬铃木	番禺路　杨宅路	2011
	54	番禺路	悬铃木	延安西路　新华路	2012
	55	华山路	悬铃木	镇宁路　江苏路	2012
	56	愚园路	悬铃木	定西路　镇宁路	2012
	57	虹古路	悬铃木	古北路　北虹路	2013
	58	玛瑙路	香樟	红宝石路　古羊路	2014
	59	银珠路	香樟	红宝石路　蓝宝石路	2015
杨浦区	60	控江路	悬铃木	隆昌路　源泉路	2011
	61	苏家屯路	悬铃木	锦西路　阜新路	2012
	62	抚顺路	悬铃木	苏家屯路　铁岭路	2012
	63	隆昌路	悬铃木	周家嘴路　控江路	2012
	64	殷行路	榉树、朴树、香樟	政悦路　淞沪路	2013
	65	政通路	悬铃木	国定路　国宾路	2013
	66	靖宇东路	悬铃木	敦化路　延吉东路	2013
	67	沙岗路	栾树	佳木斯路　国顺东路	2013
	68	国权路	悬铃木	政修路　邯郸路	2013
	69	兰州路	栾树	周家嘴路　济宁路	2014
	70	政悦路	榉树香樟	闸殷路　泵站	2015
虹口区	71	东体育会路	悬铃木	中山北二路　玉田路	2011
	72	溧阳路	悬铃木	四平路　四川北路	2012
	73	甜爱路	水杉	四川北路　甜爱支路	2013
	74	丰镇路	悬铃木	广粤路　水电路	2013
	75	曲阳路	悬铃木、香樟、广玉兰	中山北二路　四平路	2013
	76	车站南路	悬铃木	凉城路　水电路	2014

	77	车站北路	悬铃木	广粤路　水电路	2014
	78	广灵一路	悬铃木	广灵四路　广秀路	2015
	79	同心路	栾树	新同心路　水电路	2015
闸北区	80	保德路	悬铃木	共和新路　阳曲路	2011
	81	永和路	悬铃木	共和新路　万荣路	2012
	82	运城路	悬铃木	广中西路　宜川路	2012
	83	平型关路	悬铃木	延长路　广中路	2012
	84	洛川东路	悬铃木	北宝兴路　和田路	2012
	85	大宁路	悬铃木	共和新路　万荣路	2013
	86	老沪太路	悬铃木	普善路　共和新路	2014
	87	宜川路	悬铃木	万荣路　沪太路	2015
浦东新区	88	科苑路	栾树	祖冲之路　高科中路	2011
	89	博兴路	悬铃木	归昌路　兰城路	2012
	90	明月路	香樟	红枫桥　云山路	2012
	91	银山路	栾树	云山路　枣庄路	2012
	92	德州路	悬铃木	洪山路　云台路	2012
	93	碧云路	悬铃木	黄杨路　云山路	2013
	94	世纪大道	香樟	陆家嘴环路　杨高中路	2013
	95	新川路	香樟	妙境路　华夏二路	2014
	96	南桥路	香樟	川沙路　川黄路	2014
	97	沂林路	悬铃木	东方路　浦东南路	2015
	98	利津路	悬铃木	张杨北路　浦东大道	2015
闵行区	99	江川路	香樟	沪闵路　红园路	2011
	100	南辅路	栾树	莘凌路　西环路	2012
	101	北江燕路	金丝柳	浦鸥路　浦锦路	2012
	102	星站路	栾树	七莘路　中春路	2013
	103	都春路	栾树	天河路　富都路	2013

	104	南江燕路	柳树	浦鸥路	浦锦路	2013
	105	吴宝路	悬铃木	吴中路	漕宝路	2014
	106	春光路	香樟	金都路	申旺路	2015
宝山区	107	团结路	悬铃木	友谊路	漠河路	2011
	108	漠河路	悬铃木	牡丹江路	东林路	2012
	109	密山路	悬铃木	友谊支路	友谊路	2012
	110	上大路	悬铃木	沪太路	南陈路	2012
	111	盘古路	悬铃木	同济路	护城河	2013
	112	牡丹江路	悬铃木	双城路	淞宝路	2013
	113	淞滨路	悬铃木	牡丹江路	同济路	2014
	114	双庆路	悬铃木	永乐路	宝杨路	2014
	115	宝泉路	悬铃木	四元路	龙镇路	2015
金山区	116	隆平路	香樟	卫零路立交桥	戚家敦路	2011
	117	金零路	香樟	卫零路	卫二路	2012
	118	临桂路	香樟	临桂路桥	蒙山路桥	2012
	119	卫二路	悬铃木、香樟	沪杭公路	金一东路	2013
	120	金一东路	悬铃木	卫零路	沪杭路	2014
	121	柳城路	悬铃木	大堤路	富川路	2015
松江区	122	西林路	悬铃木	乐都路	松汇中路	2011
	123	方塔路	悬铃木	松汇东路	环城路	2012
	124	谷阳北路	悬铃木	松汇中路	乐都路	2012
	125	人民路	悬铃木	松汇中路	乐都路	2013
	126	思贤路	朴树、香樟、银杏、中山杉	谷阳北路	人民北路	2013
		思贤路(延伸段)	中山杉、香樟、朴树	人民路	江学路	2014
	127	玉华路	无患子	思贤路	文诚路	2014
	128	东大街－海斯大街(泰晤士小镇)	榉树	丽斯花园	切尔西大街	2015

	129	学府路	香樟	石湖新路	苗圃路	2015
奉贤区	130	古华路	香樟	解放中路	环城南路	2011
	131	南桥南星路	香樟	南奉公路	江南路	2012
	132	菜场路	香樟	轿行路	A30	2013
	133	解放中路	悬铃木	城乡路	南桥路	2013
	134	环城西路	香樟、朴树	环城南路	浦南运河	2014
	135	年丰路	朴树、香樟、银杏	望园路	金海路	2015
嘉定区	136	清河路	香樟	博乐路	城中路	2011
	137	金沙路	悬铃木	塔城路	博乐路	2012
	138	城中路	香樟	环城路	沪宜路	2012
	139	和政路	香樟	塔城东路	仓场路	2012
	140	清峪路	悬铃木	花家浜路	新郁路	2013
	141	金沙路(北段)	悬铃木	李园桥	东大街	2015
青浦区	142	珠溪路	香樟	淀山湖大道	张家圩路	2011
	143	诚爱路	香樟	徐华公路	京华路	2012
	144	徐诚路	香樟	明珠路	京华路	2012
	145	淀湖路	香樟	盈港路	盈福路	2013
	146	万寿路	榉树	万寿一路	盈港路	2014
	147	青竹路	香樟	华青路	华浦路	2015
崇明区	148	北门路	悬铃木、香樟	东门路	西门路	2011
	149	西门路	香樟	中津桥路	人民路	2012
	150	星村公路	香樟	北沿公路	红星桥	2013
	151	前竖公路	水杉	陈海公路	草港公路	2013
	152	宏海公路	水杉	陈海公路	鹗鸪港北桥	2014
	153	东江路	水杉	富民沙路	民东路	2015

上海主要行道树生物学特点及应用

序号	植物名称	科属	拉丁学名	主要特点
1	二球悬铃木	悬铃木科 悬铃木属	*Platanus acerifolia*	落叶大乔木。强阳性树种，略耐寒，稍耐水湿，亦耐干旱；生长迅速，萌芽力极强，耐修剪。注意白粉病、方翅网蝽及天牛危害防治，重视防台修剪。
2	香樟	樟科 樟属	*Cinnamomum camphora*	常绿大乔木。喜微酸性土壤，花期 5 月，具清香；果期 6 ~ 12 月。生长较快，萌芽力强，寿命长；5 月防治蚜虫和煤污病的产生，6 ~ 9 月防治樟虫螟。注意缺铁导致树体黄化现象。
3	银杏	银杏科 银杏属	*Ginkgo biloba*	落叶大乔木，萌芽力强，深根性，寿命长。喜光，耐旱，耐寒，不耐积水，对各种土壤适应性强，实生苗保持主干顶端不受损。
4	榉树	榆科 榉树属	*Zelkova schneideriana*	落叶中乔木，秋叶变黄。喜光耐寒，不择土壤，耐一定水湿，注意粉蚧危害。
5	复羽叶栾树	无患子科 栾属	*Koelreuteria bipinnata*	落叶乔木，花、果期 9 ~ 11 月初，花黄色，果橙红色。喜光稍耐半荫；喜生长于石灰岩土壤，耐寒耐旱耐瘠薄，并能耐短期水涝。深根性，萌蘖力强；易生栾多态蚜，对幼叶危害较大，应及早防治。冬季修剪注意控制个别徒长枝，以培育完整树冠，适度短截有利开花。
6	无患子	无患子科 无患子属	*Sapindu mukurossi*	落叶乔木，枝二叉开展，小枝无毛，密生多数皮孔，双数羽状复叶，互生。喜光，稍耐荫；深根性，抗风力强；萌芽力弱，不耐修剪。对

				二氧化硫抗性较强。
7	重阳木	大戟科 重阳木属	*Bischofia polycarpa*	落叶乔木，树皮褐色纵裂树冠伞形状，大枝斜展，小枝无毛，三出复叶。喜光稍耐荫，喜温暖湿润的气候和深厚肥沃的砂质土壤，较耐水湿，抗风、抗有毒气体。适应能力强，生长快速，耐寒能力弱。6 月防治重阳木锦斑蛾。
8	珊瑚朴	榆科 朴属	*Celtis julianae*	落叶中乔木，秋叶变黄。不择土壤。耐一定水湿。
9	乌桕	大戟科 乌桕属	*Sapium sebiferum*	落叶乔木，各部均无毛而具乳状汁液；树皮暗灰色，有纵裂纹；秋叶变红橙黄多色。喜光，喜温暖气候及深厚肥沃而水分丰富的土壤，耐寒性不强。对土壤适应性较强，较耐盐碱。
10	朴树	榆科 朴属	*Celtis tetrandra*	落叶乔木，高达 20 米；小枝灰色，光滑；树皮灰褐色，粗糙而不开裂，枝条平展。当年生小枝密生毛。叶质较厚，阔卵形或圆形，中上部边缘有锯齿；耐半荫，喜深厚肥沃湿润的土壤。
11	柳树类	杨柳科 柳属	*Salix spp.*	落叶乔木。喜阳，不择土壤。耐修剪，生长快，寿命较短。
12	臭椿	苦木科 臭椿属	*Ailanthus altissima*	落叶乔木，喜光，不耐阴；适应各种土壤，耐寒，耐旱，不耐水湿，深根性，树皮灰白色或灰黑色，平滑，稍有浅裂纹。
13	水杉	杉科 水杉属	*Metasequoia glyptostroboides*	落叶乔木，耐盐碱，耐水湿。不择土壤，适应性强。直根系，大规格苗移栽需带大泥球。
14	黄连木	漆树科 黄连木属	*Pistacia chinensis*	落叶乔木，树冠近圆球形；树皮薄片状剥落。偶数羽状复叶，雌雄异株，圆锥花序，花期 3 ~ 4 月，先叶开放；果 9 ~ 11 月成熟。喜光，畏严寒；耐干旱瘠薄，对土壤要求不严。深根性，主根发达，抗风力强；萌芽力强。生长较慢。

大事记

清

同治四年（1865年）	冬，沿公共租界外滩（今苏州河口至延安东路）种植上海市区第一列人行道树。
同治七年（1868年）	法租界外滩植人行道树。
同治八年（1869年）	公共租界工部局于大马路（今南京东路）会审公廨（近浙江路口）以西和静安寺路（今南京西路）的两旁栽种人行道树，株距一丈(3.33米)。
光绪十三年（1887年）	九月，法租界公董局年报首次记载，拨款规银1000两从法国购买250株悬铃木和50株桉树，植于法租界码头、花园。以后又多次从法国进口苗木。
光绪十五年（1889年）	年底，公共租界共有行道树5280株。
光绪十七年（1891年）	上海花树公所成立，同年花树交易市场设在老西门外万生桥畔阿德茶馆内。民国18年公所改组为上海市花树业同业公会，民国35年1月15日改为上海市花树商业同业公会，1956年终止活动。
光绪二十五年（1899年） 光绪二十八年（1902年）	五月，公共租界工部局首次设立园林绿化的专职官员——公园与绿地监督（简称园地监督），由英国人阿瑟担任。 在今淮海路、瑞金路始植行道树。
光绪二十九年（1903年）	是年，建虹桥路苗圃，面积百亩。是租界时期最大的苗圃，上海解放后被改作他用。
光绪三十年（1904年）	年底，公共租界（包括越界筑的道路）共有行道树5556株。
光绪三十二年(1906年)	五月初五(6月26日)，两江总督端方发文，饬各地劝谕绅民筹办树艺。
光绪三十三年(1907年)	冬，十六铺大有水果行业主朱柏亭捐资在外马路植行道树。 是年，宝山县在城西公地设立林事试验场。

中华民国

4 年 (1915 年)	11 月 7 日，国民政府农商部通令全国，以每年清明节为植树节。
5 年 (1916 年)	春，沪南工巡总局在 16 条马路上植行道树，是为上海县政府在所辖地区 (俗称“华界”) 内大规模种植行道树之始。
	4 月 5 日，本日为清明节，沪海道尹公署在蒲淞市三十八保八图 (今闵行区诸翟镇内) 辟建的道立苗圃建成，道尹周晋镳率僚属举行苗圃落成典礼和首次植树仪式。 同日，上海县政府首次在南市黄家阙路普益习艺所南面空地举行植树典礼，嗣后每年清明节都如期举行。
6 年 (1917 年)	3 月，江苏省政府电令各县，因本省气候温暖，今后在 3 月 5 日 (惊蛰) 先进行植树，到清明时再补行植树典礼。上海县政府即遵照执行。 5 月，青浦县实业局在北门外辟地 11 亩 (7333 平方米) 创办县苗圃，民国 8 年并入县造林场。
7 年 (1918 年)	4 月 5 日，上海县政府在浦东东沟举行县立苗圃落成典礼和植树节仪式。
8 年 (1919 年)	1 月 19 日，公董局成立顾问性质的园艺委员会，凡属法租界公园、苗圃的重大问题，先由该委员会提出意见，再由公董局决策。民国 11 年，园艺委员会并入工务委员会。
9 年 (1920 年)	1 月 1 日，法租界公董局工务处属下的园林种植处，升格为公董局的直属处，褚梭蒙任主任。
14 年 (1925 年)	年底，公共租界有行道树 2.82 万株，法租界有行道树 1.83 万株。
16 年 (1927 年)	7 月，上海特别市政府成立。是年，市政府所辖区内共有行道树 8855 株。
17 年 (1928 年)	2 月 13 日，市政府发布指令，规定在春分日举行植树典礼，为避免年年日期变动，固定在每年的 3 月 21 日举行。 3 月 1 日，中国国民党中央执行委员会第 119 次会议作出决议，定每年孙中山逝世纪念日 (3 月 12 日) 为植树节。 3 月 12 日，市政府举行第一届植树仪式，市长张定璠、各界代表及学生共 2000 多人参加，会后在小木桥路植行道树。在日军侵占上海前，历年均举行此类仪式。
19 年 (1930 年)	1 月，市花树业同业公会正式建立上海花树市场，地点仍在今东台路，民国 26 年 3 月 25 日迁至制造局路。

	3月，市政府规定植树节前后一周为“造林宣传周”，该项活动于日军侵占上海后停止。
21年(1932年)	7月4日，法租界发布公董局董事会议决《关于路旁植树及移植树木章程》。
36年(1947年)	5月2日，公布《上海市工务局行道树管理规则》。
1949年	5月27日，上海市解放。 5月28日，该处第三接管组接管园场管理处。 7月24日，上海市受强台风侵袭，公园、行道树受重大损失。园场管理处发动全体职工投入抢险救灾。

中华人民共和国

1949年	10月4日，上海市人民政府委任的市工务局园场管理处处长程世抚到职。
1950年	3月28日，市人民政府转发中央人民政府林垦部、交通部《公路行道树栽植试行办法》。市工务局于4月5日召开公路植树工作会议。1952年9月19日，交通部颁发《公路行道树栽植办法》后，原试行办法废止。 6月1日　市区的公园、苗圃、行道树实行以公园为中心的分区管理体制，设中山、复兴、虹口三个管理区。
1951年	4月30日，经市人民政府批准，市工务局公布《上海市管理行道树暂行办法》。
1953年	1月1日，园场管理处所属苗圃今起试行企业化管理，市财政仍按事业费的标准拨款。 5月1日，位于虹桥路的虹桥公园开放。1972年改为市园林管理处行道树养护队苗圃。1985年在此地建上海国际学术会议中心。
1954年	1月，园场管理处绿化施工队成立。
1955年	2月，上海市第一届人民代表大会第二次会议决定撤销市工务局，成立市政工程局和城市规划建筑管理局，园场管理处归属市政工程局序列。
1956年	3月1日，中共中央发出“绿化祖国”的号召。 6月1日，市政工程局园场管理处改为直属市人民委员会的园林管理处。7月12日，市编制委员会确定园林管理处为六科一室，行政编制72人；另设事业编制的设计科，定员16人。

8 月 2 日，上海市受台风袭击，行道树及公园内树木受重大损失。市园林管理处发动全体职工和群众投入抢险救灾。

8 月 8 日，中共园林管理处党组成立，夏雨任书记。

10 月 14 日，上海市园艺学会成立。

同年，市园林管理处制定的《育苗技术操作规范》在各苗圃中施行。

1957 年

5 月 30 日，肇嘉浜林荫大道绿化工程竣工。

1958 年

2 月 1 日，根据市人民委员会决定，园林管理处将大部分公园、苗圃陆续移交各区管理。

1961 年

9 月，市园林管理处组织一支专门队伍，与各区园林管理部门相配合，对市区公共绿地、专用绿地的面积，以及包括行道树在内的树木数量、树种进行实地普查。此项工作到次年 6 月结束。

10 月 23 日，根据市建委、市财政局通知，各区园林管理所的财政，由市园林管理处统一管理。

1962 年

人民、中山、虹口、复兴、黄浦等公园及外滩绿地又先后复归市园林管理处直接管理。1963 年 11 月，古猗园划归市园林管理处直接管理。

2 月 25 日，市人民委员会第十四次会议通过《上海市树木绿地保护管理办法》。

3 月 6 日，上海市绿化工作领导小组成立。下设绿化办公室，程绪珂任主任。

同年，市园林管理处提出"全市种树一亿株，育苗四亿株，一年基本绿化，二年普遍绿化，三年香花、彩化，五年园林化"的目标，区、县又层层加码。当时园林绿化工作虽然取得较大进展，但成绩浮夸，植树成活率很低。

1963 年

1 月 22 日，市人民委员会第六次会议通过《上海市市区行道树种植养护管理暂行办法》和《上海市郊区林木管理暂行办法》，即日公布施行。

4 月，成立市园林管理处行道树养护队，1979 年 3 月改为上海市行道树养护队。1986 年 3 月改建为市绿化管理指导站。

1964 年

5 月 27 日，市人民委员会批准各区设立园林管理所。

1972 年

12 月底，市园林管理处物资供应站成立，1976 年底撤销，1979 年 4 月恢复市园林局物资供应站。1992 年 6 月物资站归属市绿化管理指导站。

1973 年

7 月 2 日，市园林管理处在伊犁路开办上海市园林技校，学制二年，至 1979 年停办时，4 届共有 255 名学生毕业。

1978 年

8 月 8 日，市园林管理处升格为市园林管理局，白书章任中共上海市园林管理局委

	员会书记，程绪珂任局长。
1979 年	2 月，第五届全国人民代表大会常务委员会第六次会议，决定以每年 3 月 12 日为植树节。 3 月 13 日，市园林管理局决定将徐汇、黄浦、静安、卢湾四个区的行道树、街道绿地划归上海市行道树养护队管理。 8 月，台风两次侵袭上海，行道树倒伏 333 株、倾斜 569 株，园林职工及时把受灾树木全部扶正。
1982 年	2 月 27 日，国务院颁布《关于开展全民义务植树运动的实施办法》。 3 月 25 日，上海市绿化委员会成立，副市长杨恺兼主任，办公室设在市园林管理局。至 6 月初，全市所有区、县都成立了绿化委员会。
1983 年	1 月 12 日，市园林管理局转发城乡建设部颁布的《城市园林绿化管理暂行条例》。
1984 年	8 月 16 日，上海市基本建设委员会批准成立上海市园林职工学校。
1986 年	1 月 1 日，市公园管理处所辖的黄浦、襄阳、淮海、桂林、漕溪 5 个公园，以及市区行道树、街道绿地和各区园林管理所的人事、财政管理权，划归所在区政府管理。
1988 年	4 月 30 日，经市绿化委员会批准，市园林管理局、市农业局制定的《上海市行道树、绿化变更损失补偿、赔偿和罚款标准》颁布施行。 8 月 20 日，杭州市遭受台风袭击，树木损坏严重，市园林局率各区园林管理所有关人员，急运 40 多吨抢救物资前往支援。
1989 年	市园林管理局制定的《上海市园林绿化施工企业资格等级暂行标准》公布。
1992 年	8 月 1 日，国务院制定的《城市绿化条例》公布。
1993 年	11 月 23 日，针对各类工程施工和其他人为损坏行道树日益增多的情况，市园林管理局发出《关于抢救保护行道树的通知》。 同年，为建设淮海中路商业街，有关单位拟迁移全部行道树，市民对此反应强烈，各传媒单位通过各种方式予以支持，市人民代表大会的一些代表出面干预，行道树终于得以保留。
1994 年	年初，在市环保会议上，市政府把 1994 年定为环境保护年、城市绿化年。 年底，市区人均公共绿地由上年的 1.15 平方米，增加至 1.44 平方米，绿化覆盖率由 13.78% 增至 15.05%。但全市行道树实有数较上年末减少 7.6%，其中市区减

	少 9.2%。
1995 年	3 月，延中饮用水有限公司率先认养南京西路上近百株行道树。自此以后，陆续有单位认养行道树。
1998 年	4 月，上海开始实施“大树引入城市”计划，新辟道路种植大规格行道树，建成绿地进行大树移植，新建绿地乔木覆盖率达到 30%。
2004 年	行道树施肥和复壮技术的研究形成阶段性成果，对行道树修剪技术（悬铃木自然式、混合式，珊瑚朴、榉树、喜树等）进行了研究，并建立行道树示范与培训基地。
2005 年	针对行道树修剪、树枝粉碎、循环利用等进行了专题的调研，形成了《园林作业机械化的可行性研究报告》，草拟了上海行道树修剪技术规程。
2006 年	结合迎“APEC 峰会”道路绿地改造，在全市范围积极推广生态型树穴改建工作，在宝山、卢湾等区建立了生态树穴示范道路。
2007 年	10 月，完成《行道树养护技术规程》试行稿编制工作，开展规程的培训和现场交流。
2008 年	针对市中心行道树悬铃木修剪与交通之间的矛盾，开展了行道树夜间修剪的调研，完成了《行道树夜间修剪的可行性报告》。
2010 年	结合迎世博绿化景观优化，更新行道树设施 5.7 万套。积极探索林荫道的创建标准，在调研、分析具上海特色的林荫道现状的基础上，制定上海林荫道创建规划草稿。
2011 年	对上海林荫道的现状进行了初步调查，发布了林荫道创建实施意见，制定了林荫道创建评定办法，有效推进林荫道创建工作。组织相关专家进行了评定，创建命名林荫道 20 条。 7 月，上海市政府副秘书长尹弘前往上海市绿化管理指导站调研行道树养护管理工作。
2012 年	树木修剪国际培训班在襄阳公园正式开班。上海市绿化管理指导站站长傅徽楠、法国森林职业培训中心 (CFPF) 的培训师 Jean Francois、Patrick Artola、浦东和普陀等 8 个区县的学员参加了开班仪式。确定出 2012 年度林荫道示范点范道路 7 条，主要示范林荫新优树种。组织相关专家进行了评定，创建命名林荫道 53 条。编制《林荫道绿化建设导则》初稿。修订了《行道树养护技术规程》。
2013 年	编制《上海市林荫道三年实施计划（2013—2015 年）》，制定《上海市林荫道建设导则》，使林荫道工作逐步走向常态化。共创建命名 38 条，完成了一阶段命名百

	条林荫道的目标，全市林荫道总数已达 111 条。首次开展了行道树修剪“优秀班组”和“技术能手”评比活动。
2014 年	完成《上海市林荫道管理办法》编制，完成 20 条（段）林荫道的创建命名，完成新建储备林荫道 31 条，改建提升 51 条。探索行道树机械化养护作业示范，完成了绿化作业机械化装备三年实施计划方案编制，编写了上海市行道树苗木基地筹建方案。
2015 年	全市共创建命名林荫道 153 条，改建提升林荫道 164 条，新建储备林荫道 113 条。修编了《行道树栽植技术规程》。

参考文献

01 **Heisler, G.M.** | Energy savings with trees. *Journal of Arboriculture*. 1986, 12:113-125.

02 **Mitchell, J.C.** | Urban sprawl, the American dream. *National Geographic*, 2001, 6:34-35.

03 **Krueger, A.P.** | The biological effects of air ions. *Biometeorology*. 1985, 29:205-206.

04 **上海市绿化管理局、上海市房屋土地资源管理局** |《居住区绿化养护管理手册》，上海科学技术出版社 2006 年版。

05 **上海园林技工学校** |《行道树讲义》，1975 年版。

06 **刘韵琴** |《城市绿地观赏树木的生态功能研究》，《安徽农业科学》2011 年第 39 卷第 27 期。

07 **袁玲** |《植物结构对交通噪声衰减频谱特性的影响》，《噪声与振动控制》2008 年第 5 期。

08 **王焘** |《浅议城市绿化管理趋向》，《中国园林》2002 年第 6 期。

09 **盖世杰、戴林琳** |《“巴塞罗那经验”之城市街道解读——以兰布拉斯林荫道为例》，《中外建筑》2009 年第 1 期。

10 **王浩、赵岩** |《在城市中创建森林生态型景观路》，《南京林业大学学报》2000 年第 24 卷第 5 期。

11 **李昌浩** |《绿色通道（Greenway）的理论与实践研究》，南京林业大学 2005 年硕士学位论文。

12 **[美]南希·A.莱斯辛斯基，卓丽环译** |《植物景观设计》，中国林业出版社 2004 年版。

13 **韩西丽、俞孔坚** |《伦敦城市开放空间规划中的绿色通道网络思想》，《新建筑》2004 年第 5 期。

14 **黄肇义、杨东援** |《国内外生态城市理论研究综述》，《城市规划》2001 年第 1 期。

致谢

《上海林荫道》在出版过程中得到了相关部门、各区绿化管理部门和同仁的大力支持和帮助。在此一并表示深深的感谢!

Acknowledgments

We appreciate the assistance of the relative departments, greening management department of each district in Shanghai and colleague during publication of *Shanghai Avenue*.